U0237180

特色食用菌
保鲜与加工技术

福建省现代农业产业技术体系丛书编委会

主　任：陈明旺

副主任：陈　强　吴顺意

委　员：陈　卉　许惠霖　何代斌　苏回水　徐建清

《特色食用菌保鲜与加工技术》编写组

编　著：赖谱富　陈君琛　黄志龙

编写人员：（按姓氏笔画为序）

孙钧政　孙淑静　叶建洪　李怡彬　李昕霖　庄学东

郑碧芳　汤葆莎　杨建木　吴　俐　肖　正　何锦荣

张琪辉　陈国平　陈清南　陈君琛　林建伟　翁敏劼

黄志龙　赖谱富

海峡出版发行集团 | 福建科学技术出版社
THE STRAITS PUBLISHING & DISTRIBUTING GROUP | FUJIAN SCIENCE & TECHNOLOGY PUBLISHING HOUSE

图书在版编目（CIP）数据

特色食用菌保鲜与加工技术 / 赖谱富，陈君琛，黄
志龙编著. — 福州：福建科学技术出版社，2022.11
　ISBN 978-7-5335-6840-5

　Ⅰ.①特… Ⅱ.①赖… ②陈… ③黄… Ⅲ.①食用菌
－蔬菜园艺②食用菌－蔬菜加工 Ⅳ.①S646

中国版本图书馆CIP数据核字（2022）第176240号

书　　名	**特色食用菌保鲜与加工技术**	
编　　著	赖谱富　陈君琛　黄志龙	
出版发行	福建科学技术出版社	
社　　址	福州市东水路76号（邮编350001）	
网　　址	www.fjstp.com	
经　　销	福建新华发行（集团）有限责任公司	
印　　刷	福建省金盾彩色印刷有限公司	
开　　本	700毫米×1000毫米　1/16	
印　　张	8.25	
字　　数	128千字	
版　　次	2022年11月第1版	
印　　次	2022年11月第1次印刷	
书　　号	ISBN 978-7-5335-6840-5	
定　　价	36.00元	

书中如有印装质量问题，可直接向本社调换

前言

食用菌业是我国现代农业的新兴产业，也是最具活力的优势产业，在促进现代农业发展和实施乡村振兴战略中发挥着越来越重要的作用。

保鲜与加工是食用菌全产业链中的重要环节，是促进菇农与企业增收和产业增效的重要途径。2019 年，福建省启动新一轮包括食用菌的现代农业产业技术体系，首次设立保鲜加工岗位工作站，紧盯食用菌主栽品种银耳、海鲜菇、杏鲍菇等保鲜加工的技术瓶颈，开展技术攻关、试验熟化，集成创新了银耳保鲜与加工，海鲜菇、杏鲍菇加工和食用菌脆片加工等 5 项技术。为加速上述技术的推广应用，体系组织相关专家、站长及团队成员对体系成果进行归纳、总结和提炼，采用图文并茂方式，编写成指导生产的实用技术图书，以供广大菇农、企业学习、借鉴，为福建及全国的食用菌产业高质量发展做出新贡献。

本书编写过程中，得到体系各岗站依托单位福建省农业科学院农业工程技术研究所、福建省食用菌技术推广总站、漳州市经济作物站、古田县食用菌研发中心等的大力支持。另外，体系示范企业福建成发农业开发有限公司、漳州明德食品有限公司、古田建宏农业开发有限公司、古田县芳海食用菌专业合作社、龙海区清南果蔬专业合作社等单位提供部分技术资料和照片，在此表示感谢！

    由于编写时间紧迫和编者学识水平有限，书中难免存在不足之处，敬请读者提出宝贵的意见和建议。

福建省现代农业食用菌产业技术体系

2022 年 3 月

目录

一、我国食用菌加工产业发展情况

食用菌是对适合人类食用的各种菌类的统称，味道鲜美，风味独特，具有高蛋白、低脂肪、低胆固醇的特点，并且富含多种生物活性物质，不仅是美味可口的大众食材，也是健康营养的绿色食品，被称为"山珍"。我国是历史上最早利用食用菌的国家，也是目前食用菌的生产大国，年产量达到世界的 75% 以上，已成为第五大农业产业。食用菌产业具有低投入、高产出的优势，能够大量吸纳农村剩余劳动力，有效缓解农村就业压力，大幅度提高农民收入水平。食用菌产业充分利用了农林剩余物，有利于生态循环农业的发展，具有显著的社会效益、经济效益和生态效益，为脱贫攻坚和乡村振兴做出了重要贡献。

本书通过对我国"十三五"期间（2016~2020 年）食用菌产量产值、地区分布、栽培品种、加工产业等发展情况进行概述，并对食用菌产业发展过程中出现的问题及发展方向进行分析，为我国食用菌产业的健康可持续发展提供参考。

（一）"十三五"期间我国食用菌总体生产情况

1. "十三五"期间我国食用菌产量、产值

"十三五"期间我国食用菌产业的总产量和总产值均呈现快速增长的趋势，产业规模逐年扩大，如图 1-1 所示。我国食用菌 5 年的总产量为 19092.99 万 t，平均每年为 3818.60 万 t；总产值为 14994.80 亿元，平均每年为 2998.96 亿元。总产量从 2016 年的 3596.66 万 t 增长到了 2020 年的 4061.43 万 t，年均增幅为 3.2%；总产值从 2016 年的 2741.78 亿元增长到了 2020 年的 3465.65 亿元，年均增幅为 6.6%。总产值在 2017 年比 2016 年略有下降，下降幅度为 0.72%；2017~2020 年均保持了稳定增长，增长率分别为 7.97%、6.39%、10.84%。

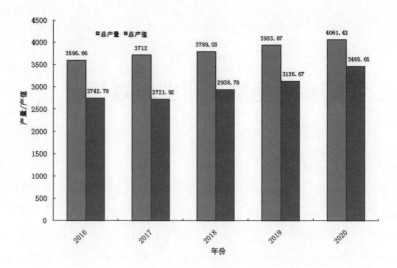

图 1-1 "十三五"期间我国食用菌总体生产情况

2．各地区产量情况

"十三五"期间，我国食用菌总产量排名前 12 位的省份分别是河南、福建、山东、黑龙江、河北、吉林、江苏、四川、湖北、江西、陕西和辽宁（图 1-2）。其中，河南省是我国食用菌产量最大的省份，在 2016~2020 年 5 年的食用菌总产量达到了 2662.52 万 t，远远超过其他省份。5 年总产量在 1500 万 t 以上的还有福建 1976.69 万 t、山东 1841.51 万 t、黑龙江 1664.63 万 t、河北 1506.69 万 t。吉林、江苏、四川三省的总产量也在 1000 万 t 以上，分别为 1200.37 万 t、1102.72 万 t、1090.07 万 t。湖北、江西、陕西和辽宁四省的食用菌 5 年总产量略低于上述省份，但也在 500 万 t 以上，分别为 660.27 万 t、628.36 万 t、615.74 万 t、567.92 万 t。

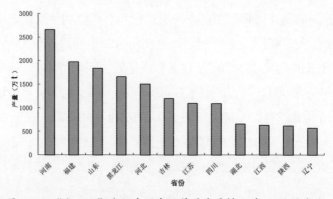

图 1-2 "十三五"期间我国食用菌总产量排名前 12 位的省份

从表 1-1 可以看出，我国不同省份食用菌产业的发展情况很不均衡。河南省每年的食用菌总产量均超过 500 万 t，远远超过其他省份，其中 2016 年河南省食用菌总产量为 510 万 t，到 2020 年时达到了 561.85 万 t，年均增幅为 2.53%。福建省 2016 年产量为 256.02 万 t，2017 年为 408.71 万 t，增幅较大，其原因是福建省统计方法发生变化。福建省 2018 年、2019 年、2020 年的总产量分别为 418.66 万 t、440.80 万 t、452.50 万 t，增幅分别为 2.43%、5.29%、2.65%，发展形势良好。山东省 2016 年食用菌总产量为 424.92 万 t，但后续产量明显下滑，2017~2020 年产量分别为 392.99 万 t、344.69 万 t、346.38 万 t、332.53 万 t；除 2019 年与 2018 年总产量基本持平外，2017 年、2018 年、2020 年均出现明显下跌，下降幅度分别为 7.51%、12.29%、4.00%。黑龙江省在"十三五"期间食用菌总产量基本维持在 320 万 ~340 万 t，变化不大。河北省食用菌总产量在 2016 年为 276.20 万 t，到了 2020 年增长至 326.57 万 t，增幅较大为 18.24%。吉林、江苏、四川三省每年的食用菌总产量在 200 万 ~240 万 t。湖北、江西、陕西、辽宁四省的每年的食用菌总产量远低于上述省份，一般在 100 万 ~140 万 t。

表 1-1　"十三五"期间 12 个省份每年总产量　　　　单位：万 t

年份	2016	2017	2018	2019	2020
河南	510.20	519.10	530.43	540.94	561.85
福建	256.02	408.71	418.66	440.80	452.50
山东	424.92	392.99	344.69	346.38	332.53
黑龙江	331.28	324.35	334.36	342.87	331.77
河北	276.20	291.89	302.01	310.02	326.57
吉林	237.41	230.12	238.60	256.49	237.75
江苏	228.31	220.15	219.12	210.12	225.02
四川	200.37	205.56	213.42	240.28	230.44
湖北	139.10	115.80	131.56	133.63	140.18
江西	110.97	121.18	129.31	132.80	134.10
陕西	109.88	121.42	125.83	132.62	125.99
辽宁	100.46	107.70	112.65	120.43	126.68

3. 全国食用菌主栽品种情况

　　"十三五"期间我国栽培的主要食用菌品种按产量排名前7位的是香菇、黑木耳、平菇、双孢蘑菇、金针菇、毛木耳、杏鲍菇，除杏鲍菇2016年产量为96.69万t以外，其他年产量均在150万t以上（表1-2）。香菇是我国最大宗的食用菌，连续5年的产量均排首位，其中2016年产量为898.30万t，2017年产量为986.51万t，增幅达到了9.8%。2018~2020年，香菇的年产量达到了1000万t以上，是唯一年产量千万t以上的食用菌品种。黑木耳是年产量排名第二的食用菌，但年产量不稳定，维持在670万~750万t。平菇2016年和2017年的年产量在540万t左右，但在2018年猛增到643.52万t，增幅为17.78%；2019年和2020年的年产量均在680万t以上。双孢蘑菇和金针菇的年产量低于上述3种食用菌，大致在200万~300万t，且产业规模出现明显萎缩，2016~2020年间年产量分别下降了39.68%和14.62%。毛木耳和杏鲍菇的年产量在150万~200万t，但杏鲍菇2016年产量较低仅为96.69万t。

表1-2　各年度总产量均排前6位品种　　　　单位：万t

年份	2016	2017	2018	2019	2020
香菇	898.30	986.51	1043.22	1115.94	1188.21
黑木耳	679.54	751.85	674.03	701.81	706.43
平菇	538.11	546.39	643.52	686.47	682.96
双孢蘑菇	335.22	289.52	248.33	231.35	202.21
金针菇	266.93	247.92	257.56	258.96	227.91
毛木耳	183.43	159.71	189.85	168.34	189.19
杏鲍菇	96.69	168.64	195.64	203.45	213.47

（二）"十三五"期间我国食用菌加工业发展情况

　　生鲜食用菌属于鲜活农产品，水分含量高，子实体脆弱，容易发生萎蔫软化、腐败变质的现象，营养价值和商品价值往往会大打折扣。食用菌加工业通过食品加工技术将其转变成保留原有风味和营养价值的各种产品，不仅满足了不同人群的饮食偏好，也大大提升了食用菌的商品价值，对食用菌产业的高值化和可持续发展具有重要意义。

1. "十三五"期间食用菌加工产业发展情况

"十三五"期间，我国食用菌加工产业总体保持平稳增长，且运行质量效益呈稳步提高态势，2020 年由于新冠肺炎疫情，食用菌加工产业整体受到一定影响。

我国 2017~2020 年食用菌加工业发展情况如表 1-3 所示。2017 年和 2018 年食用菌加工业产业规模明显扩大，主营业务收入分别为 351.19 亿元和 401.33 亿元，增长了 14.28%；从业人员平均人数从 4.09 万人增长到 4.27 万人，增幅为 4.40%；出口交货值从 96.61 亿元增长到 122.63 亿元，增幅为 26.93%。但另一方面，主营业务成本从 302.83 亿元攀升到了 351.57 亿元，增幅高达 16.09%，使得利润总额不仅没有随营业收入增长，反而从 23.70 亿元下降到了 22.70 亿元，亏损企业亏损额也从 0.93 亿元升高到了 1.12 亿元。2019 年前 11 个月份累计的主营业务收入、从业人员平均人数分别为 449.87 亿元、4.86 万人，大大超过 2018 年全年的数值，说明产业规模扩大的趋势更为明显。由于新冠肺炎疫情的影响，2020 年我国食用菌加工业开始出现明显萎缩，前 11 个月累计的主营业务收入为 417.27 亿元，从业人员平均人数为 4.77 万人，出口交货值为 100.09 亿元，分别比 2019 年下降了 7.25%、1.85%、17.23%。

表 1-3 　2017~2020 年食用菌加工业发展情况

年份	2017	2018	2019	2020
主营业务收入（亿元）	351.19	401.33	449.87	417.27
利润总额（亿元）	23.70	22.70	22.97	21.05
主营业务成本（亿元）	302.83	351.57	397.04	366.34
从业人员平均人数（万人）	4.09	4.27	4.86	4.77
亏损企业亏损额（亿元）	0.93	1.12	1.50	2.57
出口交货值（亿元）	96.61	122.63	120.92	100.09

注：2019 年、2020 年数据为前 11 个月份累计值。国家统计局 2017 年开始才有食用菌加工方面独立的统计数据。

2. 食用菌加工产业发展需求

产业链条的"头"——菌种（菌包）专业化分工不精细，比较效益低，传统的"小而全"生产方式已不能适应新常态下食用菌产业发展的需要；产业链条的"尾"——食用菌精深加工和综合利用总体水平较低，加工能力较差，且产品大多数是初级产品，功能食品、保健食品及药品等精深加工产品较少，故迫切需要推动食用菌产业与大健康、文化、旅游等产业融合，提升产业整体效益。

食用菌加工产业要高度重视产业布局优化，引导促进食用菌向优势区域集中，在产业聚集地区合理布局，推进产业园区化、规模化、集约化，推进生产、加工、科技研发一体化。推动食用菌产业与大健康、文化、旅游等产业融合，大力开发食用菌观光、体验、餐饮、旅游购物、休闲养生等业态，实现农业、加工业、旅游业三产全线融合，发展食用菌三产经济。

3. 重大科技进展

（1）食用菌精深加工关键技术创新与应用

食用菌高值化加工技术成果针对我国食用菌产量大、精深加工少、产品效益低等突出问题，建立了覆盖我国80%的主要人工栽培食用菌和野生食用菌首个食用菌加工数据库，解决了我国食用菌"应加工什么、可加工什么、如何加工"的难题，为全国食用菌加工产业提供了科学依据。围绕食用菌加工过程中风味营养损失、功能成分失活、色泽质构劣变等诸多重大问题，创制了食用菌真空低温脱水技术、挤压预糊化交联技术、物理场耦合酶解破壁提取技术等三大核心关键技术，使食用菌加工过程中的特征营养与风味成分损失率由50%~70%控制在30%以内，褐变度降低20%以上，功能成分工业化提取率由原来的40%提升至70%以上，大大推动我国食用菌从初加工向精深加工的转变升级，推动了我国食用菌从普通食材向方便食品的跨越，实现了食用菌从"鲜食烹饪"向"方便即食"消费模式的转型。

（2）银耳保鲜加工及其副产物综合利用关键技术创新与应用

该成果针对当前生鲜银耳销售企业在采后保鲜处理、包装及贮运过程中缺乏统一的规范，影响银耳的保质增值且存在一定的食品质量安全隐患等问题，申报立项了一项国家标准《生鲜银耳包装、贮存与冷链运输技术规范》。系统研究了不同银耳原料的干燥方式和加工特性，揭示了共晶点、共熔点及冻干曲线变化规律，形成了速食银耳羹加工关键技术，降低生产成本，开发出冲泡型高品质速食银耳羹和高膳食纤维低血糖生成指数（GI）值速食银耳羹2个新产品。以银耳加工副产物蒂头为原料，集成湿法粉碎、生物酶解提取、瞬时蒸发浓缩和陶瓷膜微滤技术，研发出澄清型银耳饮料产品，并进行规模化生产。该项目研究成果具有创新性和实用性，对促进银耳加工产业创新发展具有重要意义，总体技术达国际先进水平。

4. 存在问题

（1）缺乏食用菌加工专用品种

我国食用菌种质资源丰富、种类繁多，但每种食用菌品种相对单一，绝大多数品种主要是以鲜食为主，缺乏优良的加工品种。而不同的食用菌加工产品对食用菌原材料的成分要求不同，应尽早开展加工专用品种选育。

（2）食用菌加工专用设备不足

食用菌加工产业缺乏先进的专用加工设备，目前大部分先进的食用菌加工设备均为蔬菜加工的设备，且大部分都是从国外引进的，加快自主食用菌专用加工设备研发迫在眉睫。

（3）加工层次低，加工增值效益差

与我国食用菌产业快速发展、生产产量持续增长相比，我国食用菌产值的增长略显滞后，食用菌产业链的均衡发展不容乐观。换言之，我国食用菌产业的高资源投入生产，没有获得高附加值高效益的生产回报。食用菌产量之大，但深加工技术匮乏，且粗加工比例远远高于深加工，使得一部分原产鲜菇销售到国外，或以高品质鲜菇（干菇）出口，部分成为境外的食用菌（功能营养食品）的加工原料。加工层次低、加工链的匮乏是我国食用菌产业持续发展的制约短腿。

5. 重大发展趋势研判

目前，有关食用菌中营养、功能因子及作用机制已开展较多研究，但因食用菌品种繁多，活性成分复杂，主要集中在食用菌多糖、黄酮抗氧化、降血糖及抗癌等方面，而对于食用菌在加工过程中的品质及风味形成的分子基础和变化规律、品质保持技术对食用菌产品品质与保质期的影响等方面的研究较少，同时高值功能性新型食用菌制品及其绿色加工研究也是未来研究趋势之一。

随着越来越多的野生食用菌新品种被发现和驯化，以及食用菌商业化栽培技术的提升，未来食用菌加工产业将向多元化、个性化、功能化方向发展，向大健康产业融合，待食用菌精准扶贫成果得到充分肯定后，成为乡村振兴的强大推力。

6. "十四五"期间重点突破科技任务

（1）食用菌营养品质保持技术

在加工储运过程中，食用菌中的蛋白质、糖类、黄酮类等营养成分被破坏，或者其营养成分的分子结构、空间构象、理化性质发生改变而形成独特的香气、滋味、功能。通过研究阐明食用菌加工过程中品质及风味形成的分子基础和变化规律，开发出适宜的营养品质保持技术，解决食用菌加工过程中品质表征评价及营养品质保持技术缺乏问题。

（2）食用菌绿色加工技术

通过研究确定品质保持技术对食用菌产品品质与保质期的影响，突破功能型食用菌质量及安全控制新技术，研制高值功能性新型食用菌制品，开发针对不同区域、不同人群特殊营养需求的休闲化、高值化、功能化系列食用菌制品，解决食用菌科学研究对市场新需求支撑不足的问题。

（三）2021年我国食用菌加工产业发展报告

1. 2021年我国食用菌加工产业发展概况

2021年，我国食用菌加工行业总体保持平稳增长，但运行质量效益呈下降态势；营业收入累计同比增长由正转负，利润总额稍显下跌；企业数量比重略有上升，从业人数行业占比稍微下降；食用菌出口呈现良好增长态势，出口贸易更加活跃，行业占比逐渐提高。

（1）营业收入累计同比增长由正转负，利润总额稍显下跌

受新冠肺炎疫情影响，我国食用菌加工业营业收入累计同比增长呈现下滑的趋势（图1-3），从2月份的22.1%持续下降到了9月份的-4.3%，从6月份起累计同比增长由正值变为负值；营业收入占子行业的比重变化不大，基本维持在7.7%~7.9%。与营业收入相比，利润总额累计同比从2月份起即为负值（图1-4），且下滑趋势更为明显，从2月份的-12.9%下降到8月份的-50.3%和9月份的-48.7%。利润总额占子行业的比重也从8.6%下降到了3.7%。

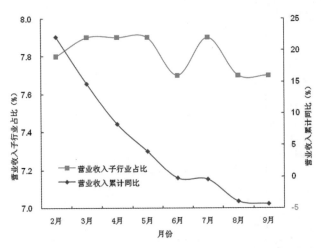

图 1-3　2021 年 2~9 月食用菌加工业营业收入子行业占比和累计同比

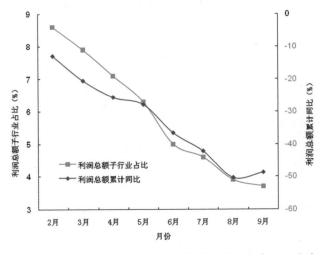

图 1-4　2021 年 2~9 月食用菌加工业利润总额子行业占比和累计同比

（2）企业数量比重略有上升，从业人数行业占比稍微下降

2021 年 2~9 月，食用菌加工业保持稳定发展态势，企业数量和从业人员数量占果蔬加工业（子行业）的比重均保持基本稳定（图 1-5、1-6）。企业数量占果蔬加工业的比重整体呈现略有升高的趋势，基本维持在 11.5% 左右，2~5 月从11.4% 下降到了 11.3%，8~9 月升高到 11.7%。从业人数方面，食用菌加工业企业从业人数行业占比从 2 月的 9.6% 下降到了 9.3%，相应的累计同比从 5.3% 下降到了 -5.6%，其中 2~4 月累计同比下滑明显。

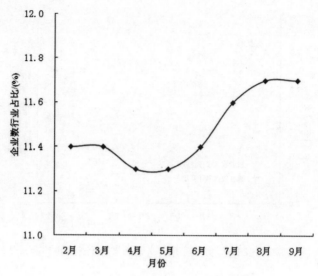

图 1-5　2021 年 2~9 月食用菌加工业企业数行业占比

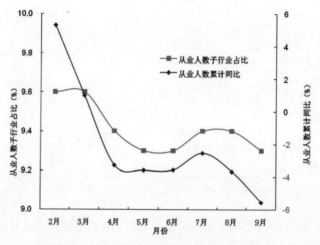

图 1-6　2021 年 2~9 月食用菌加工业从业人数行业占比和累计同比

（3）出口贸易更加活跃，行业占比逐渐提高

在食用菌加工业整体营业收入增长由正转负，利润总额持续下跌的情况下，出口贸易反而更加活跃，出口交货值占子行业的比重从 10.6% 升高到了 13.2%（图 1-7），累计同比增长从年初的 -12.0% 升高到了 0.7%，成功地由负转正，说明食用菌产品的出口外销有着强劲的动力，成为提升产业经济效益的重要手段。

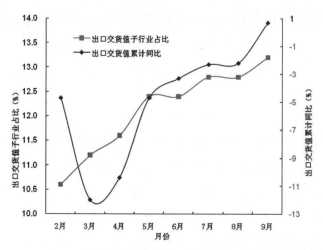

图1-7　2021年2~9月食用菌加工业出口交货值行业占比和累计同比

2. 食用菌加工产业发展成效

（1）从"脱贫攻坚"到"乡村振兴"的闪亮名片

在国家整个脱贫攻坚过程中，全国有70%~80%的国家级贫困县首选食用菌并通过食用菌产业实现脱贫致富。目前，食用菌产业已是中国农业（粮食、蔬菜、果树、油料、食用菌）第五大产业，已脱贫的广大农村地区仍继续大力发展食用菌产业，带动农民就业增收，巩固脱贫攻坚成果，助力乡村振兴事业。贵州省安龙县以食用菌为重要切入点，破题喀斯特山区产业发展"瓶颈"，推进巩固拓展脱贫攻坚成果同乡村振兴有效衔接，奋力打造乡村振兴的产业支撑点。安龙县已实现食用菌一年四季循环种植，并建设了食用菌产业交易市场和菌种、研发、培训、交易、文化"五个中心"，22家食用菌企业形成集群，产品畅销国内和东南亚等国际市场，其中低温真空油炸技术加工的"香菇脆宝"等系列深加工产品还被誉为贵州"第四宝"。食用菌加工业将给食用菌全产业链注入最核心的竞争力，通过食用菌加工业不断延伸和完善全产业链，贯穿菌种研发、菌棒生产、精深加工、产品销售、品牌打造、招商引资等各环节工作，全力推进食用菌产业做快做优、做大做强，推动食用菌产业从扶贫产业向优势产业再向富民产业转变。

（2）精深加工推动食用菌加工业向高值化发展

目前，传统简单粗放的加工方式对食用菌加工业产值的提升效果已不明显，而以高新技术为特点的精深加工是提高食用菌加工业经济效益的必然途径。道真自治县兴园投资经营有限公司联合贵州四季常青药业有限公司组建了食用菌深加工企业贵州仡山香蘑特色食品开发有限公司。现该公司已建成3条食用菌深加工生产线并投产，预计年加工香菇、杏鲍菇等食用菌6000t，年产值1.2亿元，可提供就业岗位100余个，重点打造香菇猪肉酱、杏鲍菇牛肉酱、香菇脆等系列产品。2021年4月24日，由河南大学牵头，29家高校、企事业单位共同构建的河南省食用菌精深加工产业技术创新战略联盟成立暨河南省重大公益专项——食用菌功能成分高效提取和保健食品创制关键技术与产业示范项目启动仪式在郑州举行。该联盟融合食用菌产业与大健康产业，链接食用菌种植、加工、保健食品生产和药品生产企业、科研院所、高校和民间组织等单位，涵盖食用菌菌种资源、生产设施、种植基地、高效发酵技术、生产加工、产业示范及功能因子发现与评价、保健食品、化妆品和药品研发与申报、技术标准制定与质量控制等相关行业。

（3）食用菌加工业聚集化、规模化发展势头迅猛

食用菌产业逐渐从以前的家庭式、分散式的结构逐渐向聚集化发展，形成了大规模的食用菌科技园、产业园，在食用菌加工产业链的拓展和产品多样化方面取得了长足的发展。贵州省铜仁市按照产业集群建设目标，重点引进和培育科技含量高、市场竞争力强的食用菌精深加工企业，创建初加工和精深加工示范基地，大力开发食用菌饮品、休闲食品等，将食用菌作为大健康产业、食品原料来布局，大力推进食用菌主题农业观光园建设，开发食用菌主题旅游商品、主题餐饮等，多管齐下将食用菌产业效益贯穿到旅游、观光、餐饮、文化、休闲、学习、生活等各领域。河北省保定市望都县委县政府与江苏华绿生物科技股份有限公司于2021年8月26日完成项目签约，成功推动（河北）华绿食用菌科技园项目落户河北省保定市望都县。该项目占地约450亩，一期项目计划2023年投入使用，年产值可达2.5亿元。

3. 重要技术发展情况

特色食用菌高值化加工关键技术创新与产业化应用

该成果荣获2020~2021年度中华农业科技奖科学研究类三等奖，是该年度食用菌领域唯一获奖的成果。针对食用菌原料品质差异性、功能营养成分利用有效性、加工技术及副产物综合利用等行业关键共性难题，项目组开展14年的产学研合作攻关，取得关键技术突破，带动食用菌加工产业转型和整体技术升级。一

是基于生物、理化、功能等多元指标系统分析，创建原料加工适应性及产品质量标评价体系。系统分析了杏鲍菇、大球盖菇、大杯蕈等食用菌感官、理化、营养、加工特征物指标，建立原料加工适应性评价模型和各类加工产品的品评标准，为指导深加工产品安全与标准化生产提供技术依据。二是发明了食用菌活性成分高效提取制备专利技术，创制出系列富含功能成分的健康营养食品。三是创新食用菌营养强化加工技术，开发出系列高附加值健康休闲食品，实现食用菌的高值化利用。四是创新食用菌复配及生物发酵专利技术，实现加工副产物的全价利用。获得 31 项国家及省部级课题支持，完成成果鉴定（评审）15 项，授权国家发明专利 31 件、实用新型专利 1 件、注册商标 1 件；开发五大类 28 个食用菌加工新产品，制定标准 8 项；发表论文 42 篇（SCI/EI 收录 7 篇，硕士论文 7 篇）。成果围绕我国农产品精深加工战略需求，在食用菌加工理论研究和技术开发方面具有重大创新，总体技术水平达国际先进。

4. 头部企业分析

（1）上海雪榕生物科技股份有限公司

上海雪榕生物科技股份有限公司始创于 1995 年，于 2016 年 5 月 4 日在深圳交易所创业板成功挂牌上市，是农业产业化国家重点龙头企业。公司是以现代生物技术为依托，以工厂化方式生产食用菌的现代农业企业，公司始终坚持"科技还原生态之美"的企业愿景，始终将食品安全放在首位，注重产品品质，致力于为消费者提供安全的高品质食用菌产品，丰富人们的菜篮子。

历经 26 年的发展与创新，雪榕公司是行业内率先完成全国布局的企业，在国内已完成上海、吉林长春、山东德州、广东惠州、四川都江堰、贵州毕节、甘肃临洮 7 大生产基地战略布局，湖北汉川华中生产基地及安徽和县华东生产基地正在有序推进，在国外建成泰国生产基地，拥有 18 家智能化、标准化食用菌厂，形成了金针菇、白玉菇、蟹味菇、海鲜菇、杏鲍菇、香菇、鹿茸菌、灰树花等多品种矩阵系列。当前，公司食用菌日产能 1245t，其中金针菇日产能 950t，位居全国之首。

雪榕生物于 2021 年 10 月 29 日发布第三季度报告，公司 2021 年前三季度实现营业总收入 14.3 亿元，同比下降 8.6%，毛利率下降 21.6%；营业成本 14.1 亿元，同比上升 17%；实现归母净利润 -1.2 亿元，上年同期为 2.2 亿元，未能维持盈利状态。

（2）天水众兴菌业科技股份有限公司

天水众兴菌业科技股份有限公司的前身天水众兴菌业有限责任公司成立于2005年11月，是一家致力于食用菌研发、生产及销售的国家级农业产业化重点龙头企业。于2015年6月26日在深圳证券交易所挂牌上市，股票代码002772，是天水市首家上市的农业企业。公司总部位于天水国家农业科技园区，目前在陕西杨凌、山东德州、江苏徐州、四川眉山、河南新乡、河南安阳、吉林省吉林市、甘肃武威、安徽定远、湖北云梦、安徽五河等地建有15个全资及控股子公司，在四川德阳和德国托尔高拥有2个参股公司。

众兴菌业拥有114项国家专利，建有甘肃省工厂化食用菌生产工程技术研究中心，拥有世界先进的食用菌工厂化生产线，采用标准化方式生产高品质食用菌产品，目前以金针菇和双孢菇为主，其中双孢菇日产能280t，位居全国第一；金针菇日产能745t，位居全国第二。公司食用菌产品质优价廉，畅销北京、上海及广州等一线城市，"羲皇"商标被国家市场监督管理总局认定为"中国驰名商标"。

众兴菌业发布2021年第三季度报告，2021年1~9月实现营业收入10.59亿元，同比增长2.44%，归属于上市公司股东的净利润为亏损4900.45万元，同比止盈转亏，去年同期净利1.21亿元，每股收益为−0.1356元。

5. 产业发展存在问题

（1）"重栽培，轻加工"的现象依然存在

我国是全球最大的食用菌生产国和消费国。近年来，我国食用菌育种技术快速发展和工厂化栽培技术成熟带动了食用菌产业的大规模化高品质生产，从而推动我国食用菌产量逐年提高。然而，我国食用菌一直以鲜食为主，加工率仅有6%左右，且加工产品主要为简单的干制品和腌制品，精深加工率更是不到总加工产品的10%，与美国、日本、荷兰等国家75%以上的加工率相比还有非常大的差距。"重栽培，轻加工"的现象使食用菌价格受鲜食市场的影响严重，在食用菌栽培旺季价格大幅下跌，食用菌栽培企业盈利状况和农民收入受到严重影响，打击了食用菌生产的积极性。

（2）企业盈利状况不容乐观

我国食用菌加工企业数量和从业人数基本维持稳定，但企业盈利状况不容乐观，受疫情持续影响，营业增长由正转负，利润总额持续下跌。2021年，食用菌加工企业营业收入增长从2月份的22.1%持续下降到了9月份的-4.3%，利润总额的同比增长则一直为负值，且从-12.9%下降到了-48.7%，占子行业的比重也从8.6%下降到了3.7%。这表明食用菌加工企业的盈利能力在逐渐下降，部分企业还出现了严重亏损，亏损额占果蔬加工业比重一倍以上，亏损额的累计同比更是增加了十倍以上。

6. 产业发展趋势

（1）食用菌加工原料专用化

随着市场和加工用途的细分化，食用菌加工将越来越倾向于选择专用的原料品种。我国食用菌品种资源丰富，品种较多，但由于加工工艺的不同，只有优质专用原料才能生产出高质量的加工制品，因此所需的专用原料有所区别。例如，用于鲜食加工的食用菌原料要求保质期更长，用于多糖提取的食用菌原料要求多糖含量高。不同品种可发挥专用化作用，从而带动整个食用菌产业链的健康、高效发展。

（2）食用菌加工技术及装备高新化

目前，传统简单粗放的加工方式对食用菌加工业效益的提升效果已不明显，高值化加工是提高食用菌产业经济效益的必然途径，而高值化加工就要借助现代高新技术、设备的普及和应用。现代高新技术、设备将主要用于改变食用菌的口感、品质、加工适应性，开发快速即食食品或功能保健食品。此外，高新技术在食用菌活性成分提取和纯化方面的应用也将更加普遍，如生物酶解技术、超声技术、微波技术、超高压技术、膜技术等用于提高食用菌活性物质的提取效率，液体深层发酵技术提高食用菌活性成分的得率和产量等。

（3）食用菌产品加工多元化、场景化

一方面"宅经济"兴起，使食品工业与餐饮业的边界趋于模糊，亦为食用菌加工食品的创新带来新的源泉，早餐类、点心类、菜肴类等越来越多的家庭品类食用菌产品将崛起。另一方面，随着消费人群的细分和消费场景日益增多，围绕单身一族、多口之家、上班族等细分消费人群，研发适合特定场景食用的食用菌创新产品，顺应美味和健康的双层需求，以及"简约不简单"和天然绿色的消费趋势。

（4）食用菌产品包装环保化、双碳化

食用菌产品的包装创新将注重"内外兼修"，产品包装力求实用性、功能性和创意性的结合，将环保理念注入产品包装，应用更易回收的淀粉基餐具和包装、食品级牛皮纸等材质，追求环保和双碳结合（碳达峰、碳中和），使包装更具亲和力。

（四）结论与展望

在国家整个脱贫攻坚过程中，全国有 70%~80% 的国家级贫困县首选食用菌并通过食用菌产业实现脱贫致富。"十三五"期间我国食用菌产业规模逐年扩大，总产量达到了 4061.43 万 t，年均增幅为 3.25%，总产值达到了 3465.65 亿元，年均增幅为 6.6%。食用菌加工业是食用菌产业的重要组成部分，对于提升食用菌产业附加值具有关键作用。2017~2020 年间，我国食用菌加工业发展良好，产业规模逐年扩大，但因受新冠肺炎疫情影响，2020 年我国食用菌加工业开始出现一定程度的萎缩。

在中国下一步美丽乡村建设和乡村振兴过程中，食用菌产业会比在脱贫攻坚战役中发挥出更大的作用。可以在以下几个方面进一步推动食用菌产业发展。

1. 增大扶持力度，推动均衡发展

近些年来我国食用菌产业发展迅猛，产量和产值都获得快速增长，但地区发展不均衡的现象也极为明显。我国食用菌产业大部分集中在华东、华北、东南等少数地区，且各省份差异也极为明显，而广大的华中、华南、西北等地区食用菌产业发展相对滞后，产量和产值等都大大落后。下一步应该通过政策和技术扶持，综合利用华中、华南、西北等地区丰富的农林剩余物资源，因地制宜地开发适宜的食用菌栽培品种和技术，推动食用菌产业发展，助力当地农民增收和经济发展。

2. 开发珍稀品种，丰富市场门类

我国主要栽培的食用菌集中在香菇、黑木耳、平菇、双孢蘑菇、金针菇、毛木耳、杏鲍菇等少数几个品种，市场占有率高达 84.73%，同质化严重，容易造成市场恶性竞争，拉低市场价格，不利于菇农的增收，降低了食用菌从业人员的积极性。其实，我国地域广阔，气候条件丰富多彩，也催生了不同地域的珍稀名贵食用菌品种。应根据不同地域的气候特点和市场需求，开发更多的珍稀名贵食用

菌品种及栽培技术，丰富市场上的食用菌品种，抵御同质化带来的市场风险，从增产转向增收，实现多元化发展。

3. 强化精深加工，推动产业升级

我国食用菌一直以鲜食为主，加工率仅有 6%，远远低于美国、日本、荷兰等食用菌 75% 以上的加工率；而且我国的食用菌加工产品主要是普通的干制品和腌制品，附加值极低，精深加工产品不到 10%。由于资源、地域、劳动力等客观条件所限，通过传统的扩大栽培和粗加工来提升食用菌产业产值的难度越来越大。后续发展应着力进行精深加工技术研发，推动食用菌产业结构调整，实现增值增效。一方面是以食用菌子实体为原料，利用现代食品加工技术，研制罐头、脆片、杂粮粉、果脯、复合饮料等产品，满足"方便、快捷、营养"的市场需求；另一方面通过现代化的提取技术或深层发酵技术获得食用菌的功能营养成分，开发系列功能保健和风味调味产品。

二、生鲜银耳保鲜技术

（一）目的意义

银耳（*Tremella fuciformis*）是银耳目银耳科银耳属真菌的子实体，又称白木耳、雪耳、银耳子等，是一种兼具食用与药用的菌类，富含糖类、蛋白质、脂肪、维生素、矿物质等营养物质，其中含有若干种人体必需氨基酸，素有"菌中之冠"美誉，被列为"参茸燕耳"四大珍品之一。

图 2-1 银耳

我国是银耳栽培的发源地，也是银耳生产栽培最多的国家，产量居世界第一位；据中国食用菌协会统计，2020 年我国银耳产量达 55.63 万 t，同比增长 2.69%，占世界银耳产量的 90% 以上。银耳传统销售方式主要以干品形式进行销售，近年来银耳产业结构在悄然发生变化，特别是未烘干的新鲜银耳通过规范的包装、冷藏、运输至用户手中，保证了卫生、质量要求，经合理烹调，鲜耳的嫩滑、细腻且富含黏稠胶质的口感获得了广泛认可，新鲜银耳所占销售比例逐年上升，打破了以往干银耳一统天下的局面；新鲜银耳通过冷链物流送至实体商超或快递电商直接送至消费者手中，实现了鲜银耳的销售，畅销国内市场，有效提升了银耳的品牌价值，不仅促进了市场的繁荣兴旺，满足了消费的需求，同时也使农民增产增收，在惠农富农方面起到了积极的作用；在新鲜银耳的销售市场中，2017 年仅古田生鲜银耳通过批发和电商渠道全年销量就达 1000 万棒以上，产值亿元以上。

随着城乡居民消费水平和消费能力的不断提高，生鲜商品模式日趋成为老百姓的重要消费方式，在对食品安全关注程度不断提高的前提下，尤其对具有季节性、易腐、保鲜难的生鲜产品的多样化、新鲜度和营养性等方面提出了更高要求。新鲜银耳口感嫩滑、肉质细腻，更受消费者青睐，但由于银耳鲜品水分含量高达 90%，在采后包装贮运过程中易发生腐烂、霉变等不良现象，特别是容易产生米酵菌酸毒素。产生米酵菌酸的是一种细菌——椰毒假单胞菌酵米面亚种，耐热，普通烹调不能破坏其毒性，且暂无特效解药，会导致肝肾损伤、引发器官衰竭和死亡。1984 年，山东东平县和河南郑州附近连续出现两次银耳中毒事件，共有 110 人中毒，死亡 9 人；1988 年，河北省巨鹿县 19 人中毒，死亡 5 人……类似的事件还有很多，经过实验室人员的确认，这些中毒事件全部是因为变质银耳所产生的毒素。当前，鲜银耳越来越受欢迎，但变质鲜银耳可能存在米酵菌酸毒素污染的问题，依旧存在于贮藏运输环节中；在实体商超生鲜销售或电子商务交易模式中，生鲜银耳产品中的贮藏、包装和运输环节是保障产品质量的关键点，但生鲜银耳销售企业在采后保鲜处理、包装及贮运过程中缺乏统一的规范，随意性较大，影响了银耳的保质增值，存在食品卫生和质量安全隐患。

（二）生鲜银耳包装、贮存与冷链运输技术规范

1. 前处理

生鲜银耳应无霉变、无腐烂、无病虫害。有伤痕、病虫害的生鲜银耳在后续的预冷期间，由于自身代谢和腐败微生物活动会引起褐变或产生异味，且会传染其他好的银耳，使其色、香、味和营养品质降低，直至腐败或变质，完全不能食用。外观畸形银耳则由于其外观品质不适合鲜销，所以不适合用于冷链流通，在挑选时应剔除。

生鲜银耳含水量不宜超过90%。在生鲜银耳进入冷链运输前，水分含量在很大程度上会影响冷链运输中生鲜银耳的品质和贮存保鲜效果，实验和生产实践中发现（具体见表2-1），在室温14℃和3℃条件下，生鲜银耳水分含量越低，保存时间越长；且在同一水分含量下，生鲜银耳贮存温度越低，保存时间越长。当生鲜银耳水分含量大于90%时，其保存时间明显变短，更易滋生微生物，造成自溶腐烂；而当生鲜银耳水分含量小于75%时，其保存时间明显变长，但其颜色变黄，外观品质变差。由于有些消费者要求水分含量相对较低的生鲜银耳，所以对生鲜银耳含水率的下限不做规定。因此，生鲜银耳要保持菇体原有水分，规定水分含量不宜超过90%。

表2-1　不同含水率生鲜银耳在不同温度下的保质期

水分含量	保质期（天）		
	室温（25℃）	14℃	3℃
95%	1	2	4
90%	1	3	7
85%	2	3	9
80%	2	4	10
75%	2	5	11
70%	2	5	12

盛放生鲜银耳的镂空塑料周转箱应洁净、干燥。带耳基的生鲜银耳宜采用耳基对耳基的方式分层横向放置，第一层耳基向下，第二层、第四层耳基向上，第三层、第五层耳基向下，每箱不宜超过5层（放置方法见图2-2）。不带耳基生鲜银耳随机排列，每箱不宜超过5层。带菌棒未采摘生鲜银耳应采用耳片交叉对耳片、棒背对棒背的方式分层侧向放置，每箱不宜超过3层（放置方法见图2-3），或者可并排紧挨着放置于层架上，每层层架放置一层生鲜银耳（放置方法见图2-4）。尺寸太大的塑料框会导致生鲜银耳预冷不均匀，中间银耳预冷时间会比较长，尺寸太小的塑料框会需要大量塑料框；采用镂空塑料框则通风比较好，后续预冷也会比较均匀；带耳基和不带耳基生鲜银耳每框超过5层，或带菌棒未采摘生鲜银耳超过3层则会影响塑料框中间位置生鲜银耳的预冷。

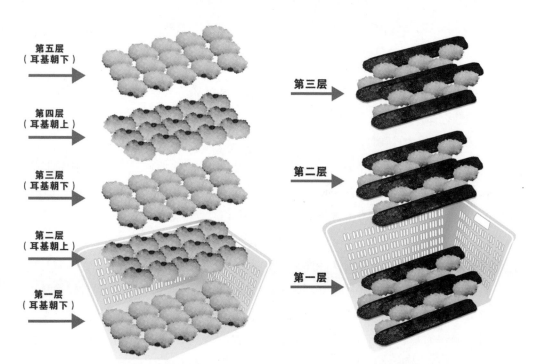

第五层
（耳基朝下）

第四层
（耳基朝上）

第三层
（耳基朝下）

第二层
（耳基朝上）

第一层
（耳基朝下）

第三层

第二层

第一层

图 2-2　带耳基的生鲜银耳摆放示意图　　　　图 2-3　带菌棒的生鲜银耳摆放示意图
（镂空塑料周转箱摆放）

图 2-4　带菌棒的生鲜银耳摆放示意图（层架摆放）

2. 预冷

生鲜银耳像其他生物体一样是具有生命的活体，仍会继续生长和衰老，因此及时预冷是生鲜银耳冷链流通的最关键环节，这个环节未处理好将大大影响生鲜银耳的贮存品质和冷链流通的时间，而及时预冷可排除或基本排除生鲜银耳的田间热，保持较高的新鲜度。

比较冷库预冷、真空预冷、冰水预冷和碎冰预冷4种预冷方式对生鲜银耳中心温度下降速度和失重率的影响。不同预冷方式对生鲜银耳中心温度的影响结果显示（图2-5）：4种预冷方式下，生鲜银耳中心温度下降的快慢各不相同。其中，真空预冷方式下生鲜银耳中心温度下降速度最快，一般在40~60min内即可使生鲜银耳中心温度降至3~5℃；冷库预冷、冷水预冷、碎冰预冷方式使生鲜银耳中心温度降至3~5℃的所需时间分别为8h、10h、12h。普通冷库预冷设备较简单，运行成本最低；真空预冷冷却速度快，生产效率高，预冷后生鲜银耳内外温度均匀，操作简单，运行费用低，但设备价格高；冷水冷却、碎冰冷却法易使生鲜银耳在预冷时吸收大量水分，且容易感染微生物，不能用于冷藏，因此不适合用于冷链运输。

所以，规定生鲜银耳预冷方式宜采用冷库预冷或真空预冷法，不宜采用冷水或碎冰冷却预冷。

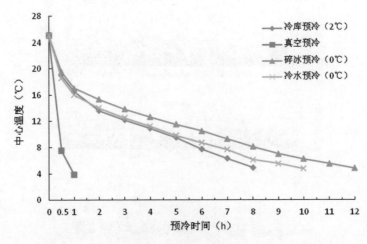

图2-5 不同预冷方式对生鲜银耳中心温度的影响

经过预冷前处理的生鲜银耳应置于 1~3℃冷库中预冷。堆码应稳固，垛与墙距离应 ≥ 30cm，与地面距离应 ≥ 10cm，与顶部照明灯具距离应 ≥ 50cm，与冷风机距离应 ≥ 150cm，垛与垛间距应 ≥ 30cm，垛高应 ≤ 200cm。垛间留有空隙可使冷库内冷空气流通更加顺畅，使生鲜银耳预冷更加均匀；垛的高度不宜太高，太高搬动不方便，且会使冷库内冷空气流通不够顺畅，影响预冷的均匀性。

垛中心的生鲜银耳中心温度预冷至 3~5℃时停止预冷。生鲜银耳中心温度达到 3~5℃要求时，已基本消除田间热，呼吸和新陈代谢速率大大降低，其所产生的热量也较低，此时可停止预冷转入冷藏库进行贮存，可保证生鲜银耳的生鲜度。如果中心温度未达到 3~5℃就进入冷藏库贮存，生鲜银耳自身呼吸强度没有得到很好抑制，代谢活动没有减弱仍会产生大量呼吸热，冷库温度产生较大波动会使银耳生鲜度较差。

经过预冷前处理的生鲜银耳采用真空预冷，装载率不宜超过 70%，真空度应保持在 650~750Pa，宜在 40min 内将生鲜银耳中心温度预冷至 3~5℃。

3. 包装

内包装材料应使用透明塑料包装容器或包装用纸，塑料包装容器应该符合 GB/T 34343 的规定，表面打孔数 ≥ 量 4 个，每个孔面积 ≥ 0.25cm^2；包装用纸应符合 NY/T 658-2015 5.4 的规定。外包装材料应使用泡沫物流包装容器、纸箱或塑料物流包装容器。泡沫或塑料物流包装容器应符合 GB/T 34344 的规定。采用加冰袋运输的纸箱应符合 GB/T 6543 的规定。采用冷藏车运输的纸箱应符合 GB/T 31550 的规定。

将预冷后的生鲜银耳置于塑料盒中（一盒一朵），一组外面用无打孔保鲜袋密封包装，一组用有打孔保鲜袋包装，一组以不包装的生鲜银耳作为对照，3 组生鲜银耳均放在温度为 2℃、空气相对湿度为 90% 的冷库中进行贮存保鲜试验。

不同包装方式对生鲜银耳呼吸强度的影响结果表明（图 2-6）：不同包装方式生鲜银耳呼吸强度均随贮存时间的延长呈下降趋势，塑料盒包装组的呼吸强度明显低于对照组，说明塑料盒包装有助于降低生鲜银耳的呼吸强度，延缓其衰老进程，从而延长其贮存期。

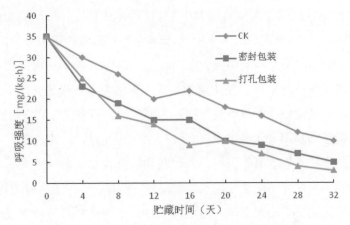

图 2-6　不同包装方式对生鲜银耳呼吸强度的影响

不同包装方式对生鲜银耳失重率的影响结果表明（图 2-7）：不同包装方式生鲜银耳的失重率均随着贮存时间的延长而增大，对照组的生鲜银耳失重率明显高于塑料盒包装组，密封包装的生鲜银耳失重率略高于打孔包装。

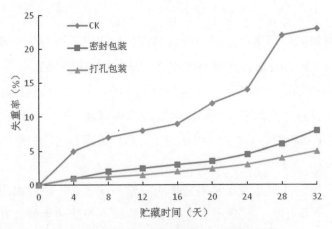

图 2-7　不同包装方式对生鲜银耳失重率的影响

不同包装方式对生鲜银耳色差的影响结果表明（图 2-8）：随着贮存时间的延长，生鲜银耳的白度随之下降，打孔包装的生鲜银耳白度值总体较大，且下降幅度较小。

不同包装方式对生鲜银耳可溶性蛋白质含量的影响结果表明（图 2-9）：随着贮存时间的延长，生鲜银耳中的可溶性蛋白质含量逐渐下降，对照组的下降最明显。

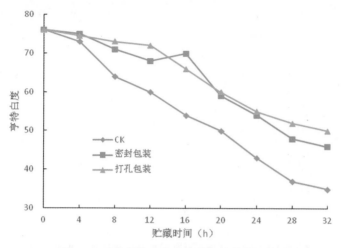

图 2-8　不同包装方式对生鲜银耳色差的影响

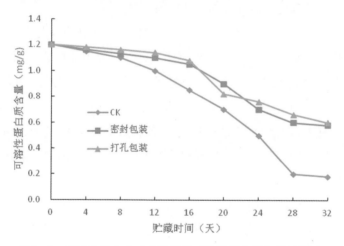

图 2-9　不同包装方式对生鲜银耳可溶性蛋白质含量的影响

　　不同包装方式对生鲜银耳可溶性糖含量的影响结果表明（图 2-10）：生鲜银耳可溶性糖含量随着贮存时间延长被消耗减少，对照组对生鲜银耳可溶性糖含量减少抑制效果最差。

　　综上所述，采用无包装、塑料盒密封包装、塑料盒打孔包装等 3 种包装方式的生鲜银耳在温度 2℃、空气相对湿度 90% 下贮存保鲜试验结果表明：塑料盒打孔包装对生鲜银耳呼吸强度、失重率的抑制效果最好，且可更好地抑制色差、可溶性蛋白质、可溶性糖的降低。所以，要求直接接触生鲜银耳的内包装，必须保证安全、无毒，同时因生鲜银耳在密闭环境中易发酵产生酒味或酸味，影响产品

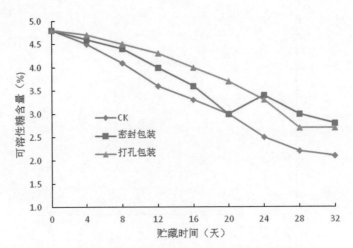

图 2-10　不同包装方式对生鲜银耳可溶性糖含量的影响

品质，故需选择具有良好透气性的包装材料。

　　带耳基、不带耳基的生鲜银耳可进行内包装或无内包装（图 2-11）。每个透明塑料包装容器装一朵或多朵生鲜银耳。每张包装用纸包装一朵带耳基生鲜银耳。外包装应使用泡沫或塑料物流包装容器单层包装，或从内至外依次使用泡沫物流包装容器、纸箱双层包装。采用加冰袋运输的外包装应内置冰袋，冰袋应摆放均匀整齐。有内包装的每朵带耳基或不带耳基的生鲜银耳应配备不少于 33g 冰袋，无内包装的每朵带耳基或不带耳基的生鲜银耳应配备不少于 15g 冰袋。

　　带菌棒的生鲜银耳无需内包装，外包装应使用泡沫或塑料物流包装容器单层包装，或从内至外依次使用泡沫物流包装容器、纸箱双层包装。采用加冰袋运输时应内置冰袋，冰袋应摆放均匀整齐。每朵带菌棒的生鲜银耳应配备不少于 27g 冰袋（图 2-12）。

　　内包装时操作间的温度应控制在 15~18℃，操作时间不宜超过 1h。生鲜银耳采收后在不同温度下呼吸强度的变化研究结果表明（具体见图 2-13）：常温（25℃）下贮存生鲜银耳呼吸强度先急剧上升后缓慢上升；21℃下贮存生鲜银耳呼吸强度先大幅上升，然后呈缓慢下降趋势；18℃、15℃、12℃下贮存生鲜银耳呼吸强度先小幅上升，然后呈下降趋势，且这 3 个温度下呼吸强度变化无显著性差异，说明相对低温（18℃、15℃、12℃）对生鲜银耳呼吸作用均有抑制作用。另外，操作间温度太高易造成银耳品质劣变，且易产生米酵菌酸污染风险；温度太低（15℃以下）则操作人员承受不了，所以内包装时操作间的温度应控制在 15~18℃。

图 2-11　带菌棒生鲜银耳包装示意图

图 2-12　带耳基生鲜银耳包装示意图

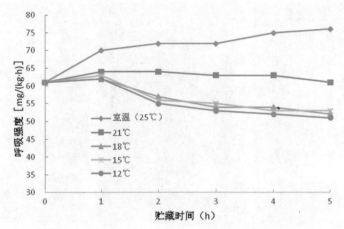

图 2-13　生鲜银耳采收后在不同温度下呼吸强度的变化

4. 贮存

生鲜银耳的冰点为 -1.1℃，因此本试验将最低温度定为 -1℃，按照生鲜农产品要求是产品从采收到客户手上的时间越短越好，所以设置 -1℃、1℃、3℃、5℃、7℃共 5 个温度且进行短期（1~7 天）的未包装生鲜银耳贮存保鲜试验。

不同贮存温度对生鲜银耳呼吸强度的影响结果显示（图 2-14）：预冷工艺使生鲜银耳的呼吸强度得到较大程度的抑制，呼吸强度从挑选完的 56mg/(kg·h)下降至 38mg/(kg·h)；随着贮存时间的延长，生鲜银耳的呼吸强度随之下降，且温度越低，其下降幅度越大，表明生鲜银耳的呼吸强度在低温下会得到抑制；-1℃、1℃、3℃下生鲜银耳第一天呼吸强度下降明显。

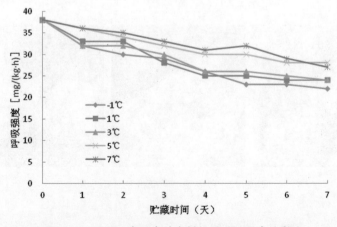

图 2-14　不同贮存温度对生鲜银耳呼吸强度的影响

不同贮存温度对生鲜银耳失重率的影响结果显示（图 2-15）：随着贮存时间的延长，生鲜银耳的失重率随之增大，且温度越高，其增大幅度越大；–1℃、1℃、3℃下生鲜银耳失重率增大程度明显低于 5℃、7℃。

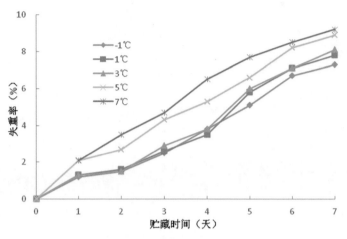

图 2-15　不同贮存温度对生鲜银耳失重率的影响

不同贮存温度对生鲜银耳色差的影响结果显示（图 2-16）：随着贮存时间的延长，生鲜银耳的白度随之减小，且温度越高，其减小幅度越大；–1℃、1℃、3℃温度下生鲜银耳白度减小程度明显低于 5℃、7℃，且 –1℃、1℃、3℃温度下第一天白度减小程度低，而 5℃、7℃温度下第一天白度明显减小。

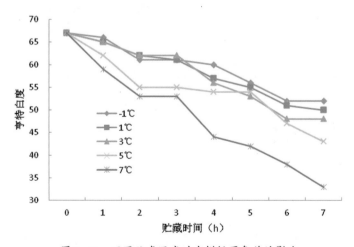

图 2-16　不同贮存温度对生鲜银耳色差的影响

不同贮存温度对生鲜银耳可溶性蛋白质含量的影响结果显示（图2-17）：随着贮存时间的延长，生鲜银耳的可溶性蛋白质含量随之减小，且温度越高，其减小幅度越大；-1℃、1℃、3℃温度下生鲜银耳可溶性蛋白质含量减小程度明显低于5℃、7℃，且-1℃、1℃、3℃温度下第一天可溶性蛋白质含量减小程度低，而5℃、7℃温度下第一天可溶性蛋白质含量明显减小。

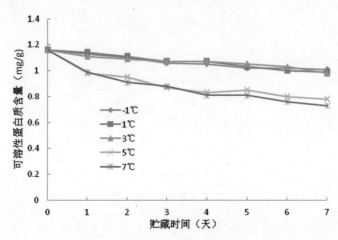

图 2-17　不同贮存温度对生鲜银耳可溶性蛋白质含量的影响

不同贮存温度对生鲜银耳可溶性糖含量的影响结果显示（图2-18）：随着贮存时间的延长，生鲜银耳的可溶性糖含量随之减小，且温度越高，其减小幅度越大；-1℃、1℃、3℃温度下生鲜银耳可溶性糖含量减小程度明显低于5℃、7℃，

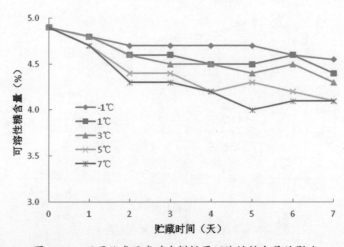

图 2-18　不同贮存温度对生鲜银耳可溶性糖含量的影响

且 −1℃、1℃、3℃温度下第一天可溶性糖含量减小程度低，而5℃、7℃温度下第一天明显减小。

综上所述，未包装生鲜银耳在 −1℃、1℃、3℃、5℃、7℃共 5 个温度贮存保鲜试验结果表明：−1℃、1℃、3℃可较好地抑制生鲜银耳的呼吸强度、失重率，以及色差、可溶性蛋白质、可溶性糖的降低，且 −1℃、1℃、3℃温度下第一天色差、可溶性蛋白质、可溶性糖含量减小程度低，所以生鲜银耳适宜贮存温度为 −1~3℃，但 −1℃库温温度波动而易造成生鲜银耳表面轻微冻结，影响藏保鲜效果，同时考虑到节约能源，所以选择1~3℃作为生鲜银耳的贮存温度。且在完成外包装的生鲜银耳应立即贮存，并在 24h 内进行冷链运输，以更好的保持生鲜银耳的鲜度及营养品质。

同时，堆码应稳固，垛与墙距离应 ≥ 30cm，与地面距离应 ≥ 10cm，与顶部照明灯具距离应 ≥ 50cm，与冷风机距离应 ≥ 150cm，垛与垛间距应 ≥ 30cm，垛高应 ≤ 200cm。不同生产批次生鲜银耳应分批堆放，并标识产地、采收时间、入库时间、入库数量、入库人。贮存设施设备及器具应保持清洁卫生、无污染、无杂物、无异味。

5. 标识

包装及标签的标识需符合国家相关标准和规定，因此，内包装标识参见《农产品包装和标识管理办法》（农业部令第 70 号）的规定。外包装的收发货标志应符合 GB/T 6388 的规定。外包装的储运图示标志应符合 GB/T 191 的规定。

6. 冷链运输

根据生鲜银耳的保质需要及客户需求选择适宜的冷链运输工具，保温车、冷藏汽车应符合 QC/T 449 的规定，冷藏集装箱应符合 GB/T 7392 的规定，铁道货车应符合 GB/T5600 的规定。对于运输工具，要求应清洁卫生、无污染、无杂物、无异味，配备防晒、防雨、防风设施，可避免在运输过程中对生鲜银耳造成污染。采用冷藏汽车、冷藏集装箱运输的，运输工具厢体还应配置有温度自动记录仪，全程记录运输过程中厢内的温度。在整个运输过程中，要时刻监视、掌控生鲜银耳的温度变化，避免在运输过程中出现过多损失。

实体市场销售生鲜银耳到达经销地后，按"四、贮存"部分实验结果，应在

1~3℃冷库中贮存。电子商务生鲜银耳送达消费者后，消费者贮存于家用冰箱保鲜层中。因为家用冰箱保鲜层温度每家基本都不一样，但基本都在 -5~10℃，所以按照 -5℃、0℃、5℃、10℃这个温度区间研究了生鲜银耳品质的变化情况。

不同贮存温度对生鲜银耳呼吸强度的影响结果显示（图 2-19）：生鲜银耳的呼吸强度随贮藏时间的延长均呈减小趋势，且温度越低，其减小幅度越大，其中开始阶段（0~4 天）4 个不同温度贮存的生鲜银耳呼吸强度均大幅度减小，表明生鲜银耳的呼吸强度在低温下会得到抑制。10℃生鲜银耳在贮存 20 天开始根部开始发霉，已经失去商品价值，生命迹象微弱，呼吸强度急剧下降；4 种贮存温度下生鲜银耳在 32 天均完全失去商品价值。

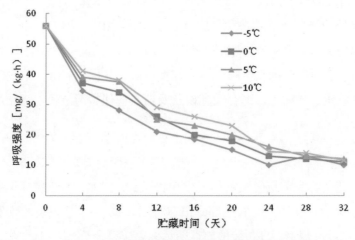

图 2-19　不同贮存温度对生鲜银耳呼吸强度的影响

不同贮存温度对生鲜银耳失重率的影响结果显示（图 2-20）：生鲜银耳的失重率随贮藏时间的延长而增大，且温度越高失重率越大；5℃、10℃生鲜银耳贮存 12 天后失重率急剧升高，20 天后失重率超过 5%，基本失去商品价值。

不同贮存温度对生鲜银耳色差的影响结果显示（图 2-21）：随着贮存时间的延长，不同贮存温度生鲜银耳的白度均呈下降趋势，温度越高下降程度越大；且 4 个贮存温度下生鲜银耳白度均在 12 天后下降速度加快。

不同贮存温度对生鲜银耳可溶性蛋白质含量的影响结果显示（图 2-22）：随着贮存时间的延长，不同贮存温度生鲜银耳的可溶性蛋白质含量均呈下降趋势，温度越高下降程度越大。

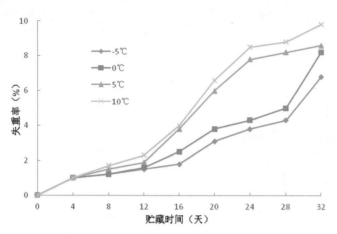

图 2-20　不同贮存温度对生鲜银耳失重率的影响

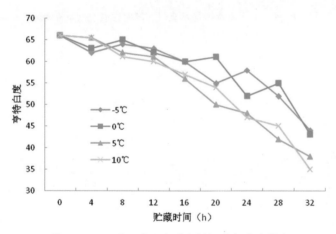

图 2-21　不同贮存温度对生鲜银耳色差的影响

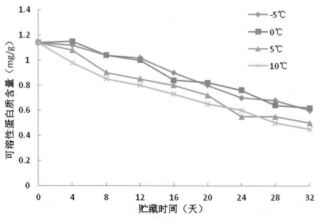

图 2-22　不同贮存温度对生鲜银耳可溶性蛋白质含量的影响

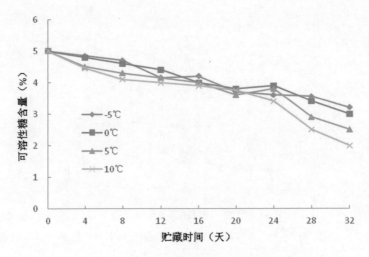

图 2-23 不同贮存温度对生鲜银耳可溶性糖含量的影响

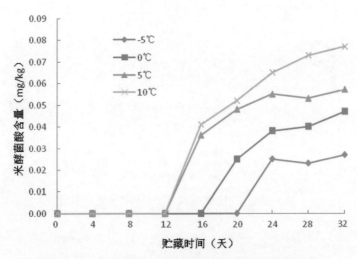

图 2-24 不同贮存温度对生鲜银耳米酵菌酸含量的影响

不同贮存温度对生鲜银耳可溶性糖含量的影响结果显示（图 2-23）：随着贮存时间的延长，不同贮存温度生鲜银耳的可溶性糖含量均呈下降趋势。

不同贮存温度对生鲜银耳米酵菌酸含量的影响结果显示（图 2-24）：5℃、10℃生鲜银耳贮存 12 天后开始产生米酵菌酸，-5℃、0℃生鲜银耳则分别在 20 天、16 天开始产生米酵菌酸，但整个贮存期间产生的米酵菌酸量非常少，32 天生鲜银耳完全失去商品价值后，10℃贮存的生鲜银耳米酵菌酸含量最高才 0.077mg/kg，远低于 GB 7096《食品安全国家标准 食用菌及其制品》中限量 0.25mg/kg 的要求。

综上所述，生鲜银耳在 –5℃、0℃、5℃、10℃温度下贮存品质的变化结果表明：5℃、10℃生鲜银耳贮存 20 天后基本失去商品价值，–5℃、0℃生鲜银耳贮存 32 天后完全失去商品价值；但为了食用品质更高的生鲜银耳，确保生鲜银耳未产生米酵菌酸，且每个家庭冰箱保鲜层设置温度差别较大，所以建议生鲜银耳到达目的地后，应及时加工处理或冷藏冷冻。冷藏贮存生鲜银耳不宜超过 8 天，冷冻贮存生鲜银耳不宜超过 30 天。

采用冷藏车运输时，装载前厢体内温度应预冷至 4℃以下，运输过程中厢体内温度应控制在 0~4℃，每隔 2h 观察并记录厢体内温度。采用加冰袋运输时，泡沫物流包装容器、纸箱双层外包装生鲜银耳应在 48h 内完成运输配送，泡沫或塑料物流包装容器单层外包装生鲜银耳应在 1h 内完成运输配送。

（三）应用成效

1. 获批立项生鲜食用菌冷链物流领域首个国家标准

2020 年 11 月 19 日，国家标准化管理委员会关于下达 2020 年第三批推荐性国家标准计划的通知（国标委发〔2020〕48 号），福建省农业科学院农业工程技术研究所主持申报的国家标准《生鲜银耳包装、贮存与冷链运输技术规范》（计划号：20203877-T-442）获批立项，实施周期为 24 个月。

该项国家标准经初审、专家组评审、会评答辩等层层严格审核，最终由国家标准化管理委员会批准立项，系珍稀食用菌精深加工与功能食品研发创新团队不断深耕食用菌保鲜及精深加工领域取得的新进展，是我国生鲜食用菌冷链物流领域的首个国家标准，填补了生鲜银耳保鲜方面的国家标准空白，对促进福建省银耳乃至我国食用菌产业发展具有重要意义，也显示了我院在银耳行业的科研影响力。

国家标准化管理委员会文件

国标委发〔2020〕48 号

国家标准化管理委员会关于下达 2020 年
第三批推荐性国家标准计划的通知

各有关单位：

经研究，国家标准化管理委员会决定下达 2020 年第三批推荐性国家标准计划（附后）。本批计划共计 531 项，其中制定 371 项、修订 160 项，推荐性标准 524 项、指导性技术文件 7 项。

请你单位组织、监督有关全国专业标准化技术委员会和主要起草单位，在计划执行中加强协调，广泛征求意见，确保标准质量，按要求完成推荐性国家标准制修订任务。

国家标准化管理委员会
2020 年 11 月 19 日

（此件公开发布）

2020 年第三批推荐性国家标准计划

序号	计划号	项目名称	标准性质	制修订	代替标准号	采用国际标准	项目周期（月）	主管部门	归口单位	起草单位
290	20203877-T-442	生鲜银耳包装、贮存与冷链运输技术规范	推荐	制定			24	中华全国供销合作总社	全国银耳标准化工作组	福建省农业科学院农业工程技术研究所、河南龙丰食用菌产业研究院有限公司、古田县食用菌研发中心、河南省农业科学院农副产品加工研究中心、古田县食用菌产业管理局、福建赛福食品检测研究所有限公司、福建成发农业开发有限公司、福建省食用菌技术推广总站、河南龙丰实业有限公司、北京大学、河南大学、福建省标准化研究院、古田县建宏农业开发有限公司
291	20203878-T-604	金属材料 巴氏硬度试验 第 3 部分：标准硬度块的标定	推荐	制定			24	中国机械工业联合会	全国试验机标准化技术委员会	沈阳天星试验仪器有限公司、中机试验装备股份有限公司
292	20203879-T-TC425	空间数据与信息传输系统束（BP）协议	推荐	制定		ISO 21323:2016	18	全国宇航技术及其应用标准化技术委员会	全国宇航技术及其应用标准化技术委员会	北京跟踪与通信技术研究所
293	20203880-T-TC425	空间数据与信息传输系统多光谱和高光谱图像无损压缩	推荐	制定		ISO 18381:2013	18	全国宇航技术及其应用标准化技术委员会	全国宇航技术及其应用标准化技术委员会	西安空间无线电技术研究所
294	20203881-T-TC425	空间数据与信息传输系统无损数据压缩	推荐	制定		ISO 15887:2013	18	全国宇航技术及其应用标准化技术委员会	全国宇航技术及其应用标准化技术委员会	西安空间无线电技术研究所
295	20203882-T-469	种子国际运中有害生物风险管理指南	推荐	制定			18	国家标准化管理委员会	全国植物检疫标准化技术委员会	全国农技推广中心、中国检验检疫科学研究院
296	20203883-T-TC425	空间数据与信息传输系统空间包协议	推荐	制定		ISO 22646:2005	18	全国宇航技术及其应用标准化技术委员会	全国宇航技术及其应用标准化技术委员会	北京空间飞行器总体设计部
297	20203884-T-469	饲料中林可胺类药物的测定 液相色谱-串联质谱法	推荐	修订	GB/T 8381.3-2005		18	国家标准化管理委员会	全国饲料工业标准化技术委员会	浙江大学
298	20203885-T-469	种植用植物生长介质跨境运输有害生物风险分析	推荐	制定			18	国家标准化管理委员会	全国植物检疫标准化技术委员会	中国检验检疫科学研究院

图 2-25 国家标准立项文件

2.《科技日报》等媒体报道生鲜银耳冷链物流技术实施成效

2020 年 12 月 28 日,《科技日报》以《年产值超亿元！福建古田率先集成生鲜银耳冷链物流技术》为题报道了生鲜银耳冷链物流技术实施成效。

"……通过预冷、包装、加冰袋运输等冷链物流技术的集成创新,目前生鲜银耳冰箱(6℃)中保质期可由 5 天延长到 7 天；每箱银耳(6 朵)配备冰袋可由 350g 降至 250g,间接减少了物流成本；产品品质更好,每箱银耳(6 朵)售价由原来的 21 元提高到 25 元。"

图 2-26 《科技日报》报道

3. 福建省农业农村厅列为 2021 年农业主推技术

2021 年 7 月 26 日,《生鲜银耳包装、贮存于冷链物流技术》被福建省农业农村厅列为 2021 年农业主推技术(增值加工类)。科技的创新促进了银耳产业鲜销"新业态"的发展,为银耳产业高质量发展注入了新动能。

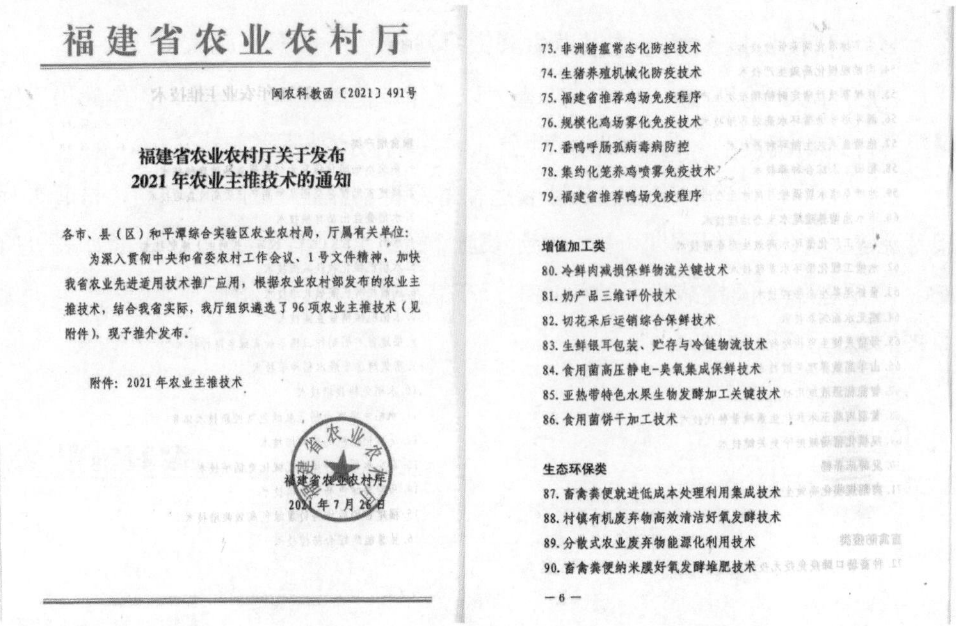

福建省农业农村厅

闽农科教函〔2021〕491号

福建省农业农村厅关于发布
2021年农业主推技术的通知

各市、县（区）和平潭综合实验区农业农村局，厅属有关单位：
为深入贯彻中央和省委农村工作会议、1号文件精神，加快我省农业先进适用技术推广应用，根据农业农村部发布的农业主推技术，结合我省实际，我厅组织遴选了96项农业主推技术（见附件），现予推介发布。

附件：2021年农业主推技术

福建省农业农村厅
2021年7月26日

73. 非洲猪瘟常态化防控技术
74. 生猪养殖机械化防疫技术
75. 福建省推荐鸡场免疫程序
76. 规模化鸡场雾化免疫技术
77. 番鸭呼肠孤病毒病防控
78. 集约化笼养鸡喷雾免疫技术
79. 福建省推荐鸭场免疫程序

增值加工类
80. 冷鲜肉减损保鲜物流关键技术
81. 奶产品三维评价技术
82. 切花采后运销综合保鲜技术
83. 生鲜银耳包装、贮存与冷链物流技术
84. 食用菌高压静电-臭氧集成保鲜技术
85. 亚热带特色水果生物发酵加工关键技术
86. 食用菌饼干加工技术

生态环保类
87. 畜禽粪便就近低成本处理利用集成技术
88. 村镇有机废弃物高效清洁好氧发酵技术
89. 分散式农业废弃物能源化利用技术
90. 畜禽粪便纳米膜好氧发酵堆肥技术

— 6 —

图 2-27 福建省农业农村厅列为 2021 年农业主推技术文件

三、银耳加工技术

（一）银耳干制技术

由于新鲜银耳营养丰富，含水量较高，贮藏保鲜的难度较大，所以脱水干制已成为银耳加工贮藏的一个重要环节。脱水干制是利用产品低水分活度抑制微生物的生产繁殖和酶的活性，同时可以赋予产品良好的品质特征，达到便于流通和长期贮藏的目的。大部分的银耳是以脱水干制品的形式销售，因此，研究银耳干制工艺对银耳产业的发展具有积极的意义。

1. 银耳干燥技术研究现状

银耳的干燥技术经历了一个较长的发展历程，目前已有热风干燥、真空干燥、微波真空干燥、冷冻干燥等技术，其中热风干燥与真空干燥等技术的工艺参数优化方面有较多的报道，而银耳干品中只有热风干燥、热泵干燥及真空冷冻干燥实现工业化生产。

（1）银耳红外线干燥技术

外干燥温度和初始含水率对银耳的干燥速率影响很大，干燥温度越高、初始含水率越低干燥速度越快，但当温度过高时，银耳易出现焦化现象从而影响银耳质量；且干燥温度及辐照距离对银耳多糖含量的影响较大，银耳多糖在单位时间内吸收较多能量时易降解熔化。通过合理调节红外干燥温度、物料初始含水率，可使银耳在适宜的温度下进行干燥，以降低银耳营养成分的损失，从而提高银耳质量。目前，红外干燥银耳的研究报道较少，红外干燥对银耳的各项品质质量如收缩率、蛋白质含量等需进一步研究。

（2）银耳热风换向干燥技术

对垂直气流热风换向干燥与横向水平气流热风换向干燥2个技术改造方案分

别进行试验。在恒定风速、干燥初始热风温度 80℃ 条件下，分别测定各层物料含水率变化的分布曲线与平均含水率梯度 Waj 指标，得出较优干燥工艺为干燥温度 70~80℃，换向时间间隔 1h，分别比传统垂直气流热风干燥速率提高 30% 与 40%，后者还具有相同满负荷工作时间，节电 50%，节省占地 77.8 % 的优势，同时提供横向水平气流热风干燥自动化模拟。

（3）银耳微波真空干燥技术

采用二因子二次回归通用旋转组合设计，分析微波强度及真空度 2 个变量对干燥时间、复水比、银耳多糖含量及单位能耗的影响，根据实验数据建立描述 4 个指标的二次回归模型，对变量进行响应面分析，并采用评价函数法优化干燥工艺。结果表明微波强度和真空度对干燥时间、复水比、银耳多糖含量及单位能耗均有显著影响，银耳微波真空干燥工艺的最佳参数为：10W/g，−90kPa。

（4）银耳热风—微波真空联合干燥技术

采用前期热风温度 70℃、转换水分含量 30%、后期微波强度 5W/g 的干燥工艺参数，可获得品质较佳的银耳干品，且单位能耗最低，接近于微波真空干燥所需能耗。结果表明热风—微波真空联合干燥可极大地改善银耳干品品质及降低干燥能耗。

（5）银耳热风—真空联合干燥技术

不同联合干燥条件：热风 60℃—真空 50℃、热风 60℃—真空 60℃、热风 60℃—真空 70℃ 干燥效果均较好，干制后的银耳收缩率不低于 60%，复水比可达 12 以上，多糖含量 22% 以上，并具有良好的微观组织结构，相比单一的真空干燥和冷冻干燥，联合干燥成本分别降低 19% 和 51%。热风—真空联合干燥作为一种高品质、低能耗的干燥方式值得推广。

（6）银耳太阳能辅助热泵联合干燥技术

太阳能辅助热泵联合干燥银耳的最佳工艺参数为：装载密度 1.54 kg/m³，在初始温度 60℃ 下干燥银耳至含水量为 30 %，后升温至 70℃，继续干燥至银耳含水量低于安全水平（湿基水分含量≤基水 %）。在此条件下，产品的单位能耗比单独使用热泵所需能耗节能 20%，较传统热风节能 42%，且银耳干制品朵形完整、饱满，色泽均匀，呈较好的浅黄色，具有银耳独特的芬芳。同时，银耳干制品的收缩率为 62.86 %、复水比达到 10。

（7）压缩银耳块干燥技术

对散状干品银耳采用回潮软化、计量装模、加压保压、远红外和热风干燥等单元加工，将其体积减小到 1/10 制得压缩银耳块。以感官性、复水性、黏度表征、多糖含量等项指标评价，其理化性质基本不变。关键工艺条件为：压缩成型时银耳水分含量 14%~16%；压缩成型后模内保持压力时间 6~7h；水分含量、回弹率、干燥温度和时间等综合指标热风干燥优于远红外干燥，其最佳干燥温度 47℃、干燥时间 4h。

（8）不同干燥方式对银耳加工过程中品质变化的影响

热风干燥的银耳收缩率和褐变程度最高，复水比增幅低；冷冻干燥的银耳褐变程度低，具有最大的复水比增幅和最小的收缩率。在银耳营养成分影响方面：冷冻干燥的银耳中水溶性蛋白、总糖和多糖含量最高；真空干燥的银耳中水溶性蛋白和多糖含量最低，但其还原糖含量最高；热风干燥的银耳中还原糖含量最低；从冷冻干燥的银耳中提取的多糖具有最高的超氧阴离子和羟自由基清除率，而真空干燥的银耳中提取的多糖则是最低的超氧阴离子和羟自由基清除率。采用 3 种方式干制的银耳贮藏期间营养成分理化指标变化结果表明，随着贮藏时间的增加，各样品中水分和还原糖含量均呈上升趋势，蛋白质、总糖、多糖含量呈下降趋势。贮藏 90 天后，热风干燥的银耳水分含量和还原糖的增幅最大，多糖含量降幅最小；冷冻干燥的银耳蛋白质和多糖含量降幅最大，还原糖含量增幅最小；真空干燥的银耳水分和蛋白质含量变化幅度最小。

2. 银耳热风干燥技术

（1）热风干燥原理

热风干燥技术是依据介质传热原理，将某种形式的能源（煤、石油、天然气、电等）转化成热媒（主要为热空气）以提供热量，利用风机将热空气送入烘箱或干燥室内，当热空气与物料表面接触时将热量传给物料；物料表面水分受热汽化为水蒸气，扩散到周围空气中，当物料表面水分含量低于其内部水分含量，这时水分梯度形成，物料内部水分便向表面扩散，直到物料中的水分下降到一定程度时此过程趋于停止。与此同时，物料表面温度受热后高于物料中心而形成温度梯度，促使水分从表面向中心传递。干燥过程中，传质和传热同时发生，方向相反，但密切相关。

（2）热风干燥优缺点

①热风干燥设备简易，操作简单，加工成本低，适用于工业上大批量食用菌的干燥。

②热风干燥温度过高或干燥时间较长，可引起物料色泽劣变和营养成分降解。

③热风干燥效率低、时间长，能耗高、成品质量差。

（3）银耳热风干燥技术规程

①银耳热风干燥流程，见图3-1。

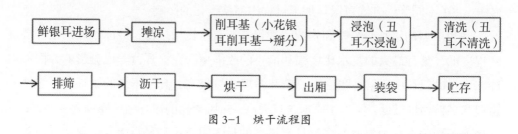

图3-1　烘干流程图

②操作技术规程如下。

摊凉：银耳进场后应立即摊放在清洗前处理区台面上，厚度不超过15cm，或者将银耳装入周转筐，厚度不超过30cm，放置2~6℃冷库中，防止银耳发热变质。

削耳基：用不锈钢小刀削去耳基处的杂质。

浸泡和清洗：银耳经浸泡，吸足水分后清洗。浸泡清洗一次后换水。整花鲜银耳浸泡40~60 min，小花鲜银耳浸泡60~80 min，鲜丑耳无需浸泡40~60 min。

排筛：将浸泡、清洗后的整花鲜银耳或小花鲜银耳捞起，排列在烘筛上。整花鲜银耳、丑耳耳基朝下，呈点阵状单层排列；小花鲜银耳随机排列。

沥干：将排满清洗后的整花鲜银耳或小花鲜银耳的烘筛放到手推车上，叠放10~12层，沥干水分。

烘干：将排满沥干后的整花鲜银耳或小花鲜银耳或丑耳的烘筛放入烘厢中，先从烘厢第一层开始往上，共放置10层烘筛，然后关门烘干。按表3-1的方法操作。

表 3-1　银耳烘干工艺

类型	烘干阶段	烘干时间 h	烘厢温度（底部）℃	烘干过程操作方法
整花鲜银耳	第一阶段	2.0~4.0	70~80	烘干 2.0~4.0h 后，打开烘厢门，将排放沥干好整花鲜银耳的烘筛放入第 11~15 层。同时，对第 1~5 层烘筛进行调整（第 1 层与第 5 层对调，第 2 层与第 4 层对调，第 3 层不变），第 6~10 层不变
	第二阶段	2.0~4.0	70~80	继续烘 2.0~4.0h 后，第 1~5 层银耳变为浅黄色，取出烘筛，将银耳翻面，耳基朝上，随后将各筛放回烘厢，继续烘干
	第三阶段	2.0~4.0	70~80	继续烘 2.0~4.0h 后，第 1~5 层银耳可以出厢。取出第 6~10 层烘筛，将银耳翻面后移至第 1~5 层继续烘，第 10 层移到第 1 层，第 9 层移到第 2 层，以下类推。第 11~15 层烘筛依次下移到第 6~10 层，空出来的第 11~15 烘层，继续放入排满沥干好的整花鲜银耳的烘筛。 此后，按照第二、三阶段的程序和方法连续烘干
小花鲜银耳	第一阶段	2.0~3.5	70~80	烘干 2.0~3.5h 后，打开烘厢门，将排放沥干好小花鲜银耳的烘筛放入第 11~15 层。同时，对第 1~5 层烘筛进行调整（第 1 层与第 5 层对调，第 2 层与第 4 层对调，第 3 层不变），第 6~10 层不变
	第二阶段	2.0~3.5	70~80	继续烘 2.0~3.5h 后，第 1~5 层小花鲜银耳变为浅黄色，取出烘筛，将小花银耳松动后继续放回烘干。同时将第 10 层与第 6 层对调，第 9 层与第 7 层对调，第 8 层不变
	第三阶段	2.0~3.5	70~80	继续烘 2.0~3.5h 后，第 1~5 层小花银耳可以出厢。取出第 6~10 层烘筛，将小花银耳松动后移至第 1~5 层继续烘，第 10 层移到第 1 层，第 9 层移到第 2 层，以下类推。第 11~15 层烘筛依次下移到第 6~10 层。空出来的第 11~15 层烘层，继续放入排满沥干的小花鲜银耳的烘筛。 此后，按照第二、三阶段的程序和方法连续烘干
鲜丑耳	第一阶段	2.0~3.0	70~80	烘 2.0~3.0h 后，打开烘厢门，将排放好鲜丑耳的烘筛放入第 11~15 层。同时对第 1~5 层烘筛进行调整（第 1 层与第 5 层对调，第 2 层与第 4 层对调，第 3 层不变），第 6~10 层不变
	第二阶段	2.0~3.0	70~80	继续烘 2.0~3.0h 后，第 1~5 层丑耳变为浅黄色，取出烘筛，将丑耳翻面，耳基朝上，随后将各筛放回烘厢，继续烘干
	第三阶段	2.0~4.0	70~80	继续烘 2.0~3.0h 后，第 1~5 层丑耳可以出厢。取出第 6~10 层烘筛，将丑耳翻面后移至第 1~5 层继续烘，第 10 层移到第 1 层，第 9 层移到第 2 层，以下类推。第 11~15 层烘筛依次下移到第 6~10 层。空出来的第 11~15 层烘层，继续放入排满鲜丑耳的烘筛。 此后，按照第二、三阶段的程序和方法连续烘干

装袋：烘干的银耳出厢后，待温度降至室温时及时用厚度 ≥ 0.07mm 的聚乙烯塑料袋收储，扎紧袋口。

标记：包装袋上应标记：银耳产地、物主名字、物主电话号码、银耳干品数量、烘干日期等。

贮存：袋装后的银耳应及时存放临时贮存库，不得与有毒、有害、有异味的物品混存。

3. 银耳热泵干燥技术

（1）热泵干燥原理

空气能热泵干燥机主要由压缩机、蒸发器、冷凝器和膨胀阀等 4 部分组成。工作过程是让冷媒不断进行蒸发、压缩、冷凝、节流、再蒸发的一系列循环过程，通过这个过程，将外部能量交换到内部。主要工作原理是使用电力作为能源，使压缩机不断进行工作，冷媒通过膨胀阀后变为气态，与此同时吸收外界环境中的能量，气态的冷媒通过压缩机增加温度和压力后进入到冷凝器中进行冷凝，放出热量，加热需要加热的干燥介质，经过如此系列循环，提升干燥介质的温度达到 40~80℃。

（2）热泵干燥优点

①干燥成本低、效率高。应用热泵干燥技术干燥食用菌与传统燃煤热风干燥相比，经测算，可以节约 2/3 左右的电能；封闭式热泵系统的干燥介质可以循环利用，干燥效率提高 20% 以上。

②智能环保。传统燃煤热风干燥，热能利用效率低，干燥温度不易控制，且燃煤造成环境污染。而热泵干燥技术可以根据食用菌的不同含水率，采用电能智能调节温度，没有环境污染。

③干燥产品质量高。食用菌营养成分热敏性较高，如木耳，高温干燥其外表面因干燥过度形成硬壳，影响品质。而热泵干燥技术则可智能调节温度，可以满足其在干燥不同阶段的温度需求，使其最终含水率保持在安全水分范围内，生产加工出高品质的食用菌干品。

（3）整花鲜银耳热泵干燥技术规程

①原料采收。采收时间以上午为好，应从基部采收干净。选择无霉变、无腐烂、无病虫害的鲜银耳。

图 3-2　生鲜银耳采收

②预处理。将采收后的银耳用不锈钢小刀削去耳基，挖净残物。然后，放进清水池浸泡 40~60min，让耳片吸饱水分，并进行清洗。泡洗的目的是消除黏附在耳片上的杂物，使耳片晶莹、透亮；同时，让子实体膨松、耳花舒展，加工后外观美，朵形好。

图 3-3　生鲜银耳预处理图

③摊排上筛。将浸泡洗净的银耳，耳片朝天，一朵朵地排放于烘干筛上。烘干筛可以采用不锈钢焊制或者竹篾编织而成，筛盘一般规格为 100cm×80cm，筛孔约 1cm×1cm，将排好银耳的筛盘上下重叠堆放在一起，一般摆 10 层筛盘，等稍微滴干水之后，再摆放到带万向轮不锈钢推车上，整车推进烘干房。

图 3-4　生鲜银耳摊排上筛

④热泵烘干。将排满沥干鲜银耳的烘筛放入烘厢中，先从烘厢第 1 层开始往上，共放置 10 层烘筛，然后关门烘干。分 3 个阶段烘干：

第一阶段：设置烘干温度 70~80℃，排风量 3800~4500m³/h。烘干 2.0~4.0h 后，打开烘箱门，将排放沥干好鲜银耳的烘筛放入第 11~15 层。同时，对 1~5 层烘筛进行调整（第 1 层与第 5 层对调，第 2 层与第 4 层对调，第 3 层不变），第 6~10层不变。

第二阶段：设置烘干温度 70~80℃，排风量 3500~4000m³/h。继续烘 2.0~4.0h 后，第 1~5 层银耳变为浅黄色，将银耳翻面，耳基朝上，随后将各筛放回烘厢，继续烘干。

第三阶段：设置烘干温度 70~80℃，排风量 2000~2800m³/h。继续烘 2.0~4.0h 后，第 1~5 层可以出厢。取出第 6~10 层烘筛，将银耳翻面后移至第 1~5 层继续烘，第 10 层移到第 1 层，第 9 层移到第 2 层，以下类推。第 11~15 层烘筛依次下移到第 6~10 层，空出来的第 11~15 层，继续放入排满沥干好的整花鲜银耳烘筛。

⑤袋装。烘干的银耳出厢后，待温度降到室温时及时用厚度≥温度降到室温的聚乙烯塑料袋收储，扎紧袋口。

图 3-5　银耳干品装袋

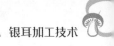

⑥标记。包装袋上应标记：银耳产地、物主名字、物主电话号码、银耳干品数量、烘干日期等。

⑦贮存。袋装后的银耳应及时存放临时贮存库，不得与有毒、有害、有异味的物品混存。

（二）银耳罐藏加工技术

食用菌罐藏技术是新鲜食用菌经适当的前处理后密封在容器中，再经高温杀菌处理制成可以在室温下长期贮存的罐头食品的过程。

早在 20 世纪八九十年代，银耳罐制品的研究便已逐渐兴起，通过与各种原料配伍，添加各种辅料制成了不同口味的罐头，如冰糖银耳罐头、莲枣银耳罐头、酥梨银耳罐头、银耳红枣罐头、玉枣银耳罐头等。这些产品目前已实现工业化生产，在各种超市、商场、副食品店中随处可见，深受消费者喜爱。

当前，银耳罐制品是银耳加工和出口的主要形式之一，相较于银耳干品，开罐即食的银耳罐制品省去了清洗、泡发、烹饪等工序，更受消费者喜爱。

对于银耳初加工产品，目前已实现工业化生产，市场的产品已琳琅满目，但由于技术含量低、设备简单，需要在技术上进行革新，开发出更优质、高效率、低能耗的技术，通过降低产品单价，售出更多的产品，以达到薄利多销的目的。

银耳罐藏加工技术规程如下。

①干银耳选料去杂。选择无虫蛀、无霉变高品质银耳为原料，去除杂质。

②浸泡。用 40℃的温水将挑选好的干银耳浸泡 60min，至银耳充分吸水膨胀，手捏时柔软有弹性，再清洗干净，捞出沥干，备用。

③整形。将清洗干净后的银耳人工分切耳基与耳片，用刀将耳片切成 3mm×4mm 左右的小碎片，耳基切碎。

④熬煮。将银耳、果葡糖浆（或白砂糖）、水等混合均匀，加入煮锅中，加热沸腾后，保持微沸，熬制 60~120min，注意补加加热过程损失的水分（温度不低于 70℃），然后立即灌装。

⑤灌装封口。按照规格要求进行灌装封口，灌装温度不低于 70℃。

⑥冷却杀菌。将热灌装好的银耳饮料，放入杀菌釜中，100℃杀菌 5 分钟，杀菌时间到后取出用自来水冲洗罐体，使罐体迅速冷却至常温。

⑦检验。挑选出封口不严实、不符合产品质量要求的产品。

⑧成品。将检验后的合格产品装箱入库保存。

（三）冻干银耳羹加工技术

随着社会生活节奏的加快，人们对于即食产品的需求与日俱增。近年来，银耳即食系列产品应势而生，主要以冻干银耳羹为代表，采用了真空冷冻干燥技术，该类产品兼具营养、方便、保质期长、复水性好等优点，经 −50℃速冻后，又经真空冷冻干燥后得到成品。使用开水冲泡后的产品胶质浓稠、口感嫩滑，很好地保留了银耳等物料的营养成分和风味口感，与红枣、枸杞、莲子等营养配合，相得益彰。目前，冻干银耳羹系列产品已实现工业化生产，在市场上深受消费者的喜爱。

目前市场上的冻干银耳羹产品有数十个种类，产品质量良莠不齐，这主要是因为没有相应的加工技术规程或标准去规范，生产企业基本参照其他果蔬冻干食品生产技术，或自己摸索的生产技术来生产冻干银耳羹，导致全国数十家冻干银耳羹生产企业加工技术五花八门、参差不一，直接导致产品质量良莠不齐。

冻干银耳羹产品质量与其加工技术密切相关。由于银耳胶质多糖含量高，故银耳羹产品的汤汁黏稠度和耳片复水性与其干燥参数密切相关。若冻干温度高于银耳的共晶点和共熔点，此时银耳中的水分子未全部冻结至玻璃态的冰晶，有部分水分仍以黏流态形式存在，而黏流态水分在干燥的过程中容易发生局部沸腾和起泡现象，会导致银耳发生严重收缩和失形等质量问题，进而造成银耳热水冲泡后多糖不易溢出、汤汁黏稠度不够等问题，这也是目前冻干银耳羹产品冲泡后质量较差的主要原因之一。而根据银耳的共晶点和共熔点温度进行真空冷冻干燥，可避免因黏流态水分的存在而造成的问题，使所得银耳羹产品冲泡后呈现良好质量。因此，冻干银耳羹加工技术规程对产品质量非常重要。

1. 冻干银耳羹加工工艺

①预处理。选择无霉变、无腐烂的鲜银耳，剔除有伤痕、病虫害、外观畸形银耳。去除黄色蒂头，用符合 GB 5749 要求的生产用水清洗，洗净表面泥沙及污物。对清洗后的银耳采用果蔬切粒机进行切成小花或碎片。

②熟化、冷却。将切碎后的银耳置于夹层锅或蒸煮机中，加入（或不加）白

砂糖、枸杞和红枣等其他辅料，然后加水煮制熟化，微沸保持 10~30min。煮制后的银耳放入符合 GB 9684 要求的不锈钢容器中，风吹冷却至 40℃以下。

③装盘、冻结。冷却后的银耳置于聚丙烯材料的模板或直接放于料盘，装盘量为 10~20kg/m²，装料厚度为 1.5~3cm。将放入料盘的银耳置于低于 -25℃的冷库中 4~12h，冻结至中心温度 -20℃以下。

④冷冻干燥。升华干燥阶段，冷冻干燥机的升温速率控制在 0.1~0.2℃/min，真空度在 80~100Pa，保持银耳干燥 3~10h。当干燥箱内真空度与凝结器内真空度都恢复空载指标时，升华过程即告结束。解析干燥阶段，冷冻干燥机的加热板温度控制在 50~85℃，干燥腔体的真空度在 100Pa 以下，干燥至银耳含水率低于 5% 结束。

⑤包装。干燥结束后，用铝箔复合袋进行称量包装。包装环境控制空气相对湿度在 45% 以下，温度在 20℃以下，缩短包装时间，防止产品吸潮而变质。

⑥金属检测。用直径 1.5mm 的 Fe 和 2.0mm 的 SUS 标样测试敏感度，确认金属检仪正常后，开始检测。银耳羹产品通过金属检测仪检测，确保产品中无金属杂质存在。

⑦贮藏。贮存场所温度应低于 25℃，空气相对湿度应低于 70%，应避光、阴凉、防虫蛀、防鼠咬；严禁与有毒、有害、有异味物品混放。

2. 冻干银耳羹原料的选择

产品质量不仅与加工技术相关，而且与加工原料关系紧密。速食银耳羹品质与银耳原料来源密切相关，但是目前多数速食银耳加工企业比较注重产品的生产工艺，而忽略银耳原料对产品质量的影响，一般以方便贮藏的干银耳进行速食银耳生产，部分以新鲜银耳为加工原料，原料的选用没有专一性，造成速食银耳品质特性差异性较大。为了筛选出适应于速食银耳的银耳原料，选取福建省常见的新鲜黄色银耳、干黄色银耳、新鲜丑耳和干丑耳等 4 个银耳原料为试材，通过对速食银耳羹感官评价、产品收缩率、复水比、冲泡后汤汁黏度和多糖含量等指标综合分析，探讨不同原料对速食银耳羹加工特性的影响，为银耳加工企业在选择原料提供参考依据。

（1）不同银耳原料对冻干银耳羹感官评价的影响

表 3-2　不同银耳原料生产速食银耳的感官评价

样品	色泽	组织形态	风味	口感
新鲜银耳	白色	组织多孔、疏松	银耳风味淡	汤汁胶质黏稠，品尝时汤汁有爽滑黏稠感；耳片舒展，质地软硬适中
干银耳	米白色	组织多孔、疏松	银耳风味淡	汤汁黏稠度一般；耳片舒展，但质地较硬
新鲜丑耳	白色	组织多孔、疏松	银耳风味淡	汤汁胶质黏稠，品尝时汤汁有爽滑黏稠感；耳片舒展，质地软硬适中
干丑耳	米白色	组织多孔、疏松	银耳风味淡	汤汁黏稠度一般；耳片舒展，但质地较硬

　　注：新鲜银耳、干银耳、新鲜丑耳和干丑耳分别代表以新鲜银耳、干银耳、新鲜丑耳和干丑耳制备的速食银耳羹样品。下同。

　　从表 3-2 可知，银耳原料对速食银耳羹的色泽和口感影响较大，新鲜的银耳制备产品比干制原料更明亮，冲泡后汤汁更黏稠，耳片更软。这可能是由于银耳在干燥过程中，其氨基酸与还原糖发生美拉德反应，而色泽偏暗，同时多糖是银耳黏稠的主要因素，而在干燥过程中会损失部分多糖，从而导致以干银耳为原料的速食银耳品质的缺陷。另一方面，试验结果发现原料与这速食银耳产品组织形态和风味无关。

　　（2）不同银耳原料对速食银耳羹收缩率、复水率、汤汁黏度和多糖的影响

表 3-3　银耳原料对速食银耳收缩率、复水率、汤汁黏度和多糖的影响

样品	收缩率（%）	复水比	汤汁黏度（MPa·s）	汤汁多糖（mg/mL）
新鲜银耳	17.65±0.31a	11.52±0.19a	56.08±2.45b	3.25±0.29a
干银耳	18.47±0.39a	10.22±0.20b	45.33±2.19d	2.89±0.13b
新鲜丑耳	16.72±0.31a	11.98±0.19a	62.95±2.55a	3.56±0.19a
干丑耳	18.33±0.42a	10.15±0.16b	51.46±1.94c	2.97±0.21b

　　收缩率和复水比是衡量速食银耳品质的重要指标之一。表 3-3 表明银耳原料对速食银耳收缩率没有显著影响，而新鲜的原料则会明显提高产品的复水比（$P < 0.05$）。冲泡后汤汁的黏度是速食银耳最主要指标，汤汁黏度高，商品价值大。由表中可以看出，不同银耳原料生产速食产品汤汁黏度在 45.33~62.95MPa·s，且存在显著差异，其中新鲜原料制备的产品明显高于干品的产品。汤汁的多糖含

量变化趋势与其黏度存在正相关。

（3）结论与讨论

比较新鲜黄色银耳、干黄色银耳、新鲜丑耳和干丑耳等4种原料对速食银耳羹产品感官品质、收缩率、复水比、汤汁黏度和多糖含量等质量指标的影响，新鲜银耳和新鲜丑耳制备的速食银耳品质明显高于干银耳和干丑耳，丑耳生产的产品质量好于银耳制备的产品，但差异不明显。

3. 冻干银耳羹冻干工艺

真空冷冻干燥技术是制备高品质速食银耳羹的干燥方式，然而为了防止物料中冰晶的融化，冻干升华温度不宜太高，更主要的是，真空状态下多孔性物料的导热系数低，导致冷冻干燥所需的时间较长。设备一方面要不停地制冷，另一方面要不停地供热，还要不停地抽真空，致使设备的操作费用较高，生产成本比热风干燥、微波干燥等其他干燥方式更高。另一方面，为提高速食银耳羹的适口性，满足消费者需求，生产企业在速食银耳羹添加了蔗糖、枸杞等其他辅料，属于多元溶液，成分较为复杂，多种溶质之间相互作用，结晶情况复杂，降温处理水分的部分冻结成晶体的冰，其他成分结晶部分形成玻璃体，特别是蔗糖使物料更不易冻干，产品更容易吸潮。

（1）共晶点与共熔点的测定

共晶点温度和共熔点温度是冻干工艺设定预冻温度、升华温度和冷阱温度的重要依据，因此测定共晶点温度和共熔点温度具有十分重要的意义。

采用DSC法，测定含蔗糖银耳羹物料的共晶点和共熔点，首先将以5℃/min降温速率降温到−60℃，再以同样的速率升温到25℃，在此过程出现两个明显的峰值，一个是降温时的结晶峰，另外一个是升温过程中的共熔峰。通过软件分析，得到物料的共晶点温度为−15.49℃和共熔点的温度是−8.35℃。由图3-6可看出，随着温度不断降低，银耳羹中的游离水分不断冻结，物料的热量释放维持平衡，在26~28min之间有一个放热峰，在−15.49℃时陡然下降，热量释放曲线变化最快，这是由于银耳羹物料在由液态变为固态的过程中需要放出大量的相变潜热，也说明物料中水分被冻结固化，此温度就是银耳羹的共晶点。

图3-7是银耳羹物料解冻过程热量吸收的变化，在41min与44min之间有一个明显的吸收峰，即在−8.35℃时，DSC曲线陡然出现峰值变化，说明物料在从

固态到液态的过程中会吸收相变的潜热，有自由移动的离子出现。因此，起始点即共熔点为 −8.35℃。

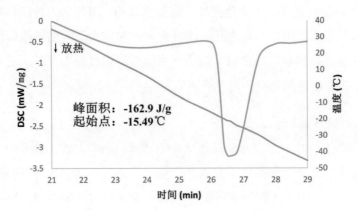

图 3-6　含蔗糖银耳羹物料 DSC 降温曲线

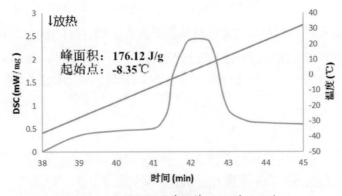

图 3-7　含蔗糖银耳羹物料 DSC 升温曲线

　　合理地确定预冻结温度在冷冻干燥过程中十分重要，如果冻结的最终温度设定过高，物料就不能完全冻结，在抽真空升华时容易造成局部沸腾和起泡现象，从而导致干燥时不能保证物料中的水分全部以冰的形式直接升华除去，使被干燥物料中的部分水分在液体状态下汽化，干燥时就会发生收缩和失形现象。此外，由于未冻结部分的水分所含的溶解物质不能就地析出，而是随内部水分向表面迁移，从而造成冻干制品表面发生硬化现象。如冻结温度过低，不仅会延长冻干时间，造成不必要的能源浪费，还会给物料带来更大的损伤，降低其品质。共晶点温度是物料中的水分全部冻结成冰的温度，在生产研究中，为实现物料的完全冻结，一般选择低于共晶点 5~10℃的温度进行冻结。预冻温度过低会增加冷冻能耗，温度过高则物料未能完全冻结，因此确定银耳羹物料的最终预冻结温度为 –25℃。

共熔点温度是全部冻结成冰的物料温度升温到冰晶开始融化时刻的温度。在冻干升华阶段，物料的温度不能超过共熔点温度，当物料温度超过共熔点温度时，物料就会发生融化，在真空条件下发生"沸腾"而破坏产品的结构，同时也可能导致物料失去疏松多孔的结构，发生相对密度增加、颜色加深的现象。因此，为了保证干品的质量，在升华干燥阶段保证物料温度不超过共熔点的前提下，尽量提高升华干燥过程加热板的温度，缩短干燥时间。

（2）预冻时间的确定

将物料放入冻干仓内，平衡至预冻的温度，此时的物料并没有完全的冻结，不可以直接进行升华干燥，此温度保持 1~2h 样品才会冻实。因此，通过测定物料的冻结曲线确定预冻时间。当预冻温度为 –25℃时的 2.5cm 厚银耳羹物料冻结曲线如图 3-8 所示，银耳羹物料进仓温度为 32℃，35min 冷却到 –2℃，平均速率为 0.97℃ /min。在 35~55 min，温度下降缓慢，维持在 –2℃左右，因为当物料从液态转变到固态时，会吸收较多的相变热，所以降温缓慢。当物料完成相变热阶段之后降温速度加快，在 100min 时，温度下降至 –18℃，平均速率为 0.36℃ /min。100min 后，温度下降速率变缓慢，这是由于物料温度与空气介质之间的温度差变小，所以温度下降速率随之变小。降速在 150min 维持在 –23℃，在 0.5h 左右物料可达到预冻温度，因此本研究确定银耳羹在 –25℃预冻温度的冻结时间为 3.5h，此时银耳羹已完全冻实。

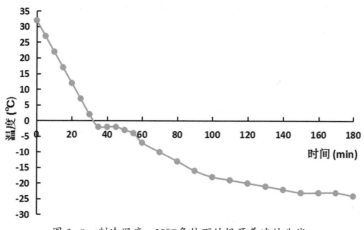

图 3-8　制冷温度 –25℃条件下的银耳羹冻结曲线

（3）加热板温度对升华解析过程物料温度及产品质量的影响

分别将预冻结至－25℃的银耳羹样品，置于冻干搁板上，冻干仓抽真空气至20Pa时，分别设定搁板加热温度为30℃、40℃、50℃、60℃、70℃和80℃进行升华解析试验，分析不同搁板加热温度下的物料温度在升华及解析过程中的变化情况，结果如图3-9所示。试验结果可知，在试验设定的6个温度下，随着搁板加热温度的升高，样品升华解析所需的时间呈现下降趋势。30℃加热样品的升华阶段用时最长，为12h，80℃加热样品升华阶段所用时间最短为7.5h，表明适当的提高升华解析阶段的搁板加热温度，可以有效缩短冻干加工的时间。但试验中发现，搁板加热温度为70℃和80℃时，部分银耳表面出现鼓泡现象，这可能是由于升华阶段升温过快，升华阶段尚未结束，直接进入解析阶段所致。此外，试验发现温度越高，产品局部色泽加深，亮度和白度降低，这可能是温度过高，产品发生了部分的美拉德反应。

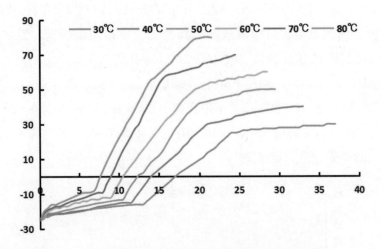

图3-9　加热温度对升华解析过程银耳羹物料温度的影响

经感官评价，30℃、40℃、50℃和60℃制备的银耳羹产品冲泡5min内产品汤汁呈黏稠羹状，耳片舒展，质地软硬适中，质量较好；加热温度为70℃和80℃制备的产品冲泡后汤汁黏度相对较低，耳片相对较硬。

综上，加热板温度越高，银耳羹物料干燥速率越高，但温度过高会影响产品质量。从干燥过程中物料中心温度分析，银耳羹物料可采用阶段式加温，在升华阶段，保证物料中心温度不高于共熔点温度，可尽量提高温度；在解析干燥阶段，搁板加热温度控制在50~60℃为宜，温度过高会影响产品色泽。

（4）加热板控温程序对冻干时间和速食银耳羹品质的影响

表3-4　加热板控温程序对冻干时间和速食银耳羹品质的影响

控温程序	干燥时间（h）	水分含量	复水比	产品感官评价
A	22.47±0.63a	3.71±0.21a	10.13±0.29b	淡黄色，表面少量鼓泡，汤汁有一定黏稠度，耳片质地较硬
B	23.45±0.57ab	3.87±0.13a	11.38±0.45a	米白色，形态较好，品尝时汤汁有爽滑黏稠感；耳片舒展，质地软硬适中，但由于产品出仓时与室温相差过高，产品易吸潮
C	24.56±0.51b	2.96±0.23b	11.55±0.36a	米白色，品尝时汤汁有爽滑黏稠感；耳片舒展，质地软硬适中

注：控温程序分别是A：80℃6h→70℃5h→60℃至恒干；B：80℃3h→70℃5h→60℃至恒干；C：80℃3h→70℃5h→60℃12h→50℃至恒干。

综合考虑冻干效率和冻干产品质量，设置4个加热板控温程序，考察对冻干时间和产品质量的影响。从表3-4可以看出，3个控温程序制备的样品水分含量都小于5%，干燥时间按顺序排列分别是A＜B＜C，但加热板设置为A控温程序（80℃6h→70℃5h→60℃至恒干时），升温过快，产品局部有少量鼓泡了，且色泽偏黄，复水比与B（80℃3h→70℃5h→60℃至恒干）和C控温程序有明显差异，后两者产品品质较好。另一方面，B程序产品的出仓时温度为60℃，与室温相差过高，产品易吸潮，在规模化生产过程中不易操作，因此选择C控温程序为加热板适宜设定温度，即80℃3h→70℃5h→60℃12h→50℃至恒干。

（5）冷冻干燥曲线的绘制

将银耳羹物料在—25℃冰箱中预冻3.5h，置于冻干搁板上，冻干仓抽真空气至20Pa±5Pa，冻干机搁板加热温度设置为80℃3h→70℃5h→60℃12h→50℃至恒干，记录在冷冻干燥过程中物料中心温度和加热搁板温度的变化，绘制成冷冻干燥曲线，如图3-10所示。

从图3-10的冷冻干燥曲线可以看出，在冷冻干燥的前期，物料温度较低，但随着升华的进行，物料的温度逐渐升高。当升华干燥进行至7.5h时，物料中心温度达到共熔点温度，此时升华干燥阶段基本结束；从8h后物料进入解析干燥过程，物料的中心温度继续升高，当干燥进行至 23.5h 时，物料中心温度已经接近加热搁板的温度，当时间延长到 25h 左右时整个冷冻干燥过程结束。50℃加热温度恒温冻干时间 30h，该冻干控温程序减少 20% 的操作时间，降低了生产成本。

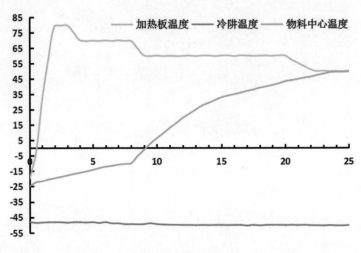

图 3-10　银耳羹的真空冷冻干燥曲线

四、海鲜菇加工技术

（一）海鲜菇干制技术

海鲜菇（*Hypsizygus marmoreus*），又名蟹味菇、真姬菇，富含蛋白质、黄酮、多糖、酚类及微量元素等成分，具有抗氧化、消炎、抗肿瘤、降血脂、调节免疫等功效。海鲜菇以鲜食为主，但其鲜品呼吸强度大、含水量高达85%以上，贮藏保鲜难度大，而干燥产品具有贮藏期长、便于流通等优点，成为目前其常用的保存方式。目前，食用菌在干燥过程中存在营养及风味成分变化等问题，且不同干燥方式对产品品质影响程度也不同。

热风干燥、热泵干燥、真空冷冻干燥是当前食用菌实际生产中应用的干燥方法。目前，关于海鲜菇的干燥研究主

图 4-1　海鲜菇

要是围绕热风干燥进行，尚未见不同干燥方式对海鲜菇营养及品质性状的系统对比研究。现采用加热冻干、不加热冻干、热泵干燥、热风干燥等 4 种常用干燥方式对海鲜菇进行干燥处理，采用灰色关联度分析法比较不同干燥方式对营养成分、功能成分、色差、质构及微观结构的影响，以期获得较佳的干燥方式，为海鲜菇的进一步加工利用提供理论依据。

图 4-2 海鲜菇热泵干燥

图 4-3 海鲜菇热风干燥

图 4-4 海鲜菇真空冷冻干燥

1. 不同干燥方式对海鲜菇营养品质的影响

（1）不同干燥方式对海鲜菇主要营养成分的影响

果蔬细胞由于细胞膜渗透压变化及相关酶作用，其蛋白质、淀粉及糖类物质等营养成分在干燥过程中会分解成小分子物质，从而引起相关成分含量的变化。不同干燥处理对海鲜菇主要营养成分变化如表 4-1 所示。

由表 4-1 可知，不同干燥处理对海鲜菇蛋白质、还原糖、脂肪、灰分、粗纤维的影响差异均不显著（$P > 0.05$），其含量分别达 19.1%、1.7%、2.6%、6.7%、6.1% 以上，表明海鲜菇是一种高蛋白、低脂肪食物。

表 4-1　不同干燥方式对海鲜菇主要营养成分的影响　　单位：%

指标	不加热冻干	加热冻干	热泵干燥	热风干燥
水分	4.89±0.07a	4.92±0.05a	5.31±0.11a	5.29±0.12a
蛋白质	19.2±0.64a	19.1±0.62a	19.8±0.67a	19.2±0.61a
还原糖	1.9±0.17a	1.8±0.23a	1.7±0.23a	1.7±0.15a
脂肪	2.8±0.29a	2.8±0.16a	2.7±0.22a	2.6±0.32a
灰分	6.7±0.35a	6.8±0.29a	7.1±0.36a	7.0±0.42a
粗纤维	6.7±0.26a	6.6±0.32a	6.1±0.35a	6.9±0.59a

注：表中同一指标字母不同者表示有显著性差异（$P < 0.05$），下列表中含义相同。

（2）不同干燥方式对海鲜菇主要活性成分的影响

由表 4-2 可知，不同干燥处理对海鲜菇总黄酮、总多酚、粗多糖含量的影响均有显著差异，不加热冻干海鲜菇的总多酚、多糖显著高于加热冻干、热泵干燥、热风干燥，加热冻干及热泵干燥海鲜菇的总黄酮含量较高。可见干燥方式对干制海鲜菇的活性成分具有一定的影响。

表 4-2　不同干燥方式对海鲜菇主要活性成分的影响　　单位：%

指标	不加热冻干	加热冻干	热泵干燥	热风干燥
总黄酮	0.31±0.02b	0.43±0.02a	0.47±0.02a	0.35±0.02b
总多酚	0.6±0.04a	0.49±0.02b	0.48±0.02b	0.52±0.02b
粗多糖	7.04±0.10a	6.27±0.05b	4.63±0.09d	5.25±0.08c

（3）不同干燥方式对海鲜菇氨基酸组成的影响

氨基酸是构成蛋白质的基本组成单位，也是人体必需的重要营养元素。由表4-3可知，不同干燥处理海鲜菇氨基酸总量、非必需氨基酸量、非必需氨基酸量差异均不显著（$P > 0.05$）；4种干燥方式海鲜菇均含有17种氨基酸（色氨酸未测）及人体必需的7种氨基酸，主要的氨基酸成分均为蛋氨酸、谷氨酸、天冬氨酸，且谷氨酸、天冬氨酸、精氨酸、组氨酸、脯氨酸、甘氨酸、丙氨酸7种鲜味氨基酸总量分别达6.4%、6.37%、7.26%、7.11%，分别占氨基酸总量的45.65%、44.89%、47.54%、47.18%，而鲜味氨基酸的组成及含量决定了样品的鲜美可口程度，海鲜菇也因此得名，这与王丽等的研究结果一致。不同干燥处理海鲜菇必需氨基酸总量占氨基酸总量（EAA/TAA）比例分别为0.46、0.46、0.44、0.45，必需氨基酸总量与非必需氨基酸总量之比（EAA/NEAA）均大于0.7以上，均符合联合国粮农组织和世界卫生组织提出的参考蛋白质模式，是优质蛋白质的良好来源。可见海鲜菇可作为人类膳食"一荤一素一菇"的主要品种。

表4-3　不同干燥方式对海鲜菇氨基酸组成的影响　　单位：%

氨基酸	不加热冻干	加热冻干	热泵干燥	热风干燥
必需氨基酸（EAA）				
苏氨酸	0.68±0.01b	0.69±0.01ab	0.72±0.02a	0.70±0.02ab
缬氨酸	0.65±0.02b	0.68±0.02ab	0.72±0.02a	0.72±0.03a
蛋氨酸	2.18±0.12a	2.25±0.12a	2.22±0.10a	2.22±0.08a
异亮氨酸	0.52±0.03a	0.54±0.02a	0.56±0.02a	0.57±0.03a
亮氨酸	0.91±0.03a	0.93±0.03a	0.96±0.03a	0.98±0.06a
苯丙氨酸	0.62±0.03b	0.63±0.02ab	0.69±0.04ab	0.71±0.03a
赖氨酸	0.83±0.03a	0.83±0.03a	0.84±0.03a	0.84±0.03a
非必需氨基酸（NEAA）				
天冬氨酸	1.30±0.22a	1.29±0.21a	1.25±0.04a	1.25±0.03a
丝氨酸	0.73±0.03ab	0.73±0.02ab	0.77±0.02a	0.70±0.03b
谷氨酸	1.85±0.07b	1.78±0.05b	2.44±0.09a	2.58±0.06a

氨基酸	不加热冻干	加热冻干	热泵干燥	热风干燥
甘氨酸	0.64±0.03a	0.65±0.03a	0.70±0.03a	0.66±0.03a
丙氨酸	0.85±0.03b	0.87±0.03ab	1.10±0.17a	0.95±0.03ab
胱氨酸	0.14±0.02a	0.16±0.02a	0.16±0.02a	0.14±0.02a
酪氨酸	0.36±0.02a	0.38±0.02a	0.37±0.01a	0.38±0.02a
组氨酸	0.27±0.02a	0.27±0.01a	0.26±0.01a	0.26±0.02a
精氨酸	0.90±0.11a	0.92±0.11a	0.87±0.02a	0.75±0.02a
脯氨酸	0.59±0.08a	0.59±0.07a	0.64±0.02a	0.66±0.02a
必需氨基酸总量	6.39±0.27a	6.55±0.26a	6.71±0.26a	6.74±0.25a
非必需氨基酸总量	7.63±0.63a	7.64±0.55a	8.56±0.43a	8.33±0.24a
氨基酸总量	14.02±0.90a	14.19±0.81a	15.27±0.69a	15.07±0.49a
必需氨基酸／氨基酸总量	0.46±0.01a	0.46±0.01a	0.44±0.01b	0.45±0.01ab
必需氨基酸／非必需氨基酸总量	0.84±0.03a	0.86±0.03a	0.78±0.01b	0.81±0.01ab

2. 不同干燥方式对海鲜菇营养品质的影响

（1）不同干燥方式对海鲜菇色泽的影响

色泽是影响产品消费者接受度和市场价值度的重要品质属性之一。由表4-4可知，热泵干燥和热风干燥海鲜菇明度值 L^*、红绿值 a^*、蓝黄值 b^*、色差 ΔE 及褐变指数 BI 与冻干均存在显著差异（ $P < 0.05$ ），且加热冻干、不加热冻干2种冻干处理海鲜菇明度值 L^*、红绿值 a^*、蓝黄值 b^*、色差 ΔE 及褐变指数 BI 均无显著差异（ $P > 0.05$ ）。热风干燥海鲜菇红绿值 a^*、蓝黄值 b^*、色差 ΔE 及褐变指数 BI 明显高于冻干和热泵干燥，在彩度上更接近红色和黄色；冻干海鲜菇明度值 L^* 显著高于热泵干燥和热风干燥，冻干海鲜菇色度与新鲜海鲜菇色泽更接近。

表 4-4 不同干燥方式海鲜菇的色泽指标

干燥方式		明度值 L^*	红绿值 a^*	蓝黄值 b^*	色差 ΔE	褐变指数 BI
不加热冻干	菇帽	93.57±2.07a	-1.07±0.61c	14.81±1.64b	15.06±2.14c	16.02±2.75c
	中部	95.67±0.99a	-0.61±0.38c	9.16±0.59c	8.99±0.78c	9.36±1.02c
	菇脚	95.73±0.62a	-0.96±0.90c	10.74±0.89c	10.51±0.71c	10.87±1.39c
加热冻干	菇帽	93.31±1.72a	-1.52±0.08c	14.90±1.64b	15.23±2.06c	15.81±2.38c
	中部	96.07±0.29a	-0.84±0.12c	10.05±0.44c	9.71±0.49c	10.14±0.59c
	菇脚	96.75±1.01a	-1.13±0.69c	9.11±0.34c	8.72±0.31c	8.79±0.75c
热泵干燥	菇帽	63.47±2.29b	10.30±0.32b	25.47±1.47b	44.19±2.63b	62.52±6.53b
	中部	57.79±1.95b	9.30±0.36b	23.23±2.39b	47.57±0.91b	62.26±4.84b
	菇脚	70.33±3.06b	7.04±0.78b	21.94±1.69b	36.14±1.87b	44.14±1.81b
热风干燥	菇帽	57.55±1.30c	12.47±1.62a	29.73±3.17a	51.83±3.15a	86.90±14.43a
	中部	51.34±2.98c	10.91±1.40a	27.34±1.06a	55.35±1.84a	89.12±2.24a
	菇脚	58.44±6.07c	11.25±1.84a	28.71±1.37a	50.38±4.57a	80.58±9.74a

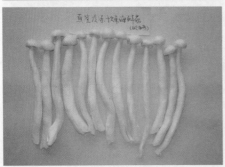

图 4-5 不同干燥方式海鲜菇干品

（2）不同干燥方式对海鲜菇质构特性的影响

由表4-5可知，热泵干燥、热风干燥海鲜菇的硬度、咀嚼度与冻干处理存在显著差异（$P < 0.05$），不加热冻干、加热冻干2种冻干处理海鲜菇的硬度、咀嚼度均无显著差异（$P > 0.05$）。热风干燥海鲜菇硬度、咀嚼度均最大，冻干处理海鲜菇硬度、咀嚼度较小。

表4-5 不同干燥方式海鲜菇的质构特性

干燥方式		硬度（g）	咀嚼度（g·sec）
不加热冻干	菇帽	209.94±130.25c	680.38±364.27b
	中部	1062.30±124.67b	1673.25±380.68c
	菇脚	835.37±202.93c	1263.53±468.36b
加热冻干	菇帽	200.77±126.00c	762.50±569.43b
	中部	1176.42±185.89b	2215.28±616.38c
	菇脚	864.60±155.17c	1513.04±672.68b
热泵干燥	菇帽	952.24±186.46b	2910.52±737.03a
	中部	2181.96±579.71a	3625.34±1098.81b
	菇脚	1844.42±681.73b	3277.09±1599.21a
热风干燥	菇帽	1089.54±231.16a	3345.16±816.71a
	中部	2485.49±951.38a	4260.66±1085.25a
	菇脚	2215.38±599.27a	3459.17±1685.63a

（3）不同干燥方式对海鲜菇微观结构的影响

不同干燥方式海鲜菇横截面放大1000倍、500倍结构扫描图见图4-6。对比不同干燥方式海鲜菇的横截面微观结构可以发现，不加热冻干海鲜菇横截面空隙很大，组织蓬松，呈现出均匀的疏松多孔蜂窝状结构；加热冻干海鲜菇横截面组织结构疏松、多孔，空隙较大，局部有轻微的塌陷现象；热泵干燥海鲜菇横截面组织松散，有一点空隙；热风干燥海鲜菇横截面结构致密，组织萎缩变形严重。

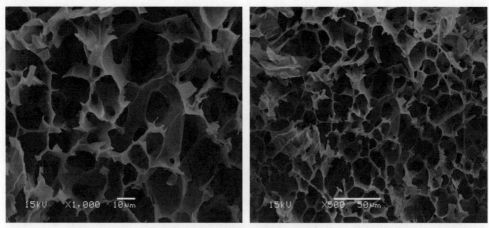

不加热冻干海鲜菇微观结构（横截面）

加热冻干海鲜菇微观结构（横截面）

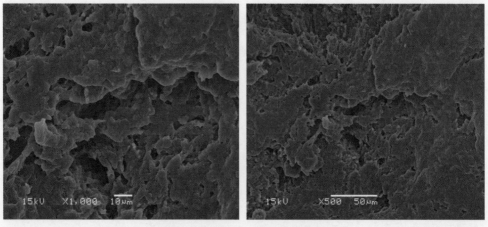

热泵干燥海鲜菇微观结构（横截面）

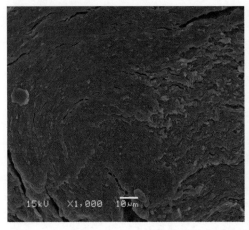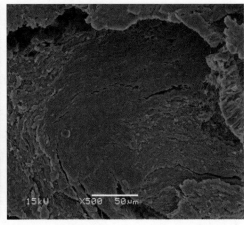

热风干燥海鲜菇微观结构（横截面）

图 4-6　不同干燥方式海鲜菇的微观结构

3. 不同干燥方式对海鲜菇品质影响的综合评价

（1）各项指标权重分析

为了避免等权分配的不客观性及消除各指标的量纲差异，利用变异系数法对海鲜菇干品 13 个评价指标确定不同权重。第 i 项变异系数 CV_i ＝第 i 项变异系数 / 第 i 项算术平均数，权重 W_i ＝第 i 项变异系数 / 总变异系数。

各项指标权重分析如表 4-6 所示，蛋白质、还原糖、脂肪、粗灰分、粗纤维、总黄酮、总多酚、粗多糖、氨基酸、色差 ΔE、褐变指数 BI、硬度、咀嚼度赋予的权重分别为：0.5%、1.7%、1.1%、0.8%、1.6%、5.9%、3.3%、5.8%、1.3%、22.7%、27.4%、13.8% 和 14.1%。

表 4-6　各项指标权重分析

指标	蛋白质	还原糖	脂肪	灰分	粗纤维	总黄酮	总多酚	粗多糖	氨基酸	色差	褐变指数	硬度	咀嚼度
平均值	19.33	1.78	2.73	6.90	6.58	0.39	0.52	5.80	14.64	29.47	41.38	1169.08	2136.73
标准差	0.32	0.10	0.10	0.18	0.34	0.07	0.05	1.07	0.62	21.29	36.14	514.60	957.99
变异系数	0.02	0.05	0.04	0.03	0.05	0.19	0.10	0.18	0.04	0.72	0.87	0.44	0.45
权重	0.005	0.017	0.011	0.008	0.016	0.059	0.033	0.058	0.013	0.227	0.274	0.138	0.141

（2）无量纲化处理

根据各指标数据构造参考数列 R_0。为了避免各量纲的指数差异，按灰色系统理论方法统一对原始数据进行无量纲化处理：$\dfrac{R_1(1)}{R_0(1)}$，$\dfrac{R_2(2)}{R_9(2)}$，…，$\dfrac{R_n(i)}{R_0(i)}$，…，其中，i = 1，2，3，4，…，13；n = 1，2，3，4，得到结果见表4-7。

表4-7　无量纲化结果

$R_n(i)$	蛋白质	还原糖	脂肪	灰分	粗纤维	总黄酮	总多酚	粗多糖	氨基酸	色差	褐变指数	硬度	咀嚼度
$R_0(i)$	1.000	1.000	1.000	1.000	1.000	1.000	1.000	1.000	1.000	1.000	1.000	1.000	1.000
$R_1(i)$	0.970	1.000	1.077	0.944	1.098	0.660	1.000	1.000	0.918	1.027	1.043	1.000	1.000
$R_2(i)$	0.965	0.947	1.077	0.958	1.082	0.915	0.817	0.891	0.929	1.000	1.000	1.064	1.242
$R_3(i)$	1.000	0.895	1.038	1.000	1.000	1.000	0.800	0.658	1.000	3.799	4.863	2.362	2.713
$R_4(i)$	0.970	0.895	1.000	0.986	1.131	0.745	0.867	0.746	0.987	4.681	7.386	2.230	2.134

（3）灰色关联分析

根据表4-7数据及 $\Delta_n(i) = |R_0(i) - R_n(i)|$ 求出参考数列 R_0 与比较数列 R_i 各对应点的绝对差值，结果如表4-8所示。最大差值 $\Delta_n(i)_{max}$=6.386，最小差值 $\Delta_n(i)_{min}$=0.000，关联系数 $\xi_n(i) = [\Delta_n(i)_{min} + 0.5\Delta_n(i)_{max}] / [\Delta n(i)_{min} + 0.5\Delta_n(i)_{max}]$，关联度 $Y = \sum_{i}^{n}=1 \xi_n(K) \times Q_N(K)$，结果如表4-9所示。

表4-8　参考序列与比较序列间的绝对差值

$\Delta_n(i)$	蛋白质	还原糖	脂肪	灰分	粗纤维	总黄酮	总多酚	粗多糖	氨基酸	色差	褐变指数	硬度	咀嚼度
$\Delta_1(i)$	0.030	0.000	0.077	0.056	0.098	0.340	0.000	0.000	0.082	0.027	0.043	0.000	0.000
$\Delta_2(i)$	0.035	0.053	0.077	0.042	0.082	0.085	0.183	0.109	0.071	0.000	0.000	0.064	0.242
$\Delta_3(i)$	0.000	0.105	0.038	0.000	0.000	0.000	0.200	0.342	0.000	2.799	3.863	1.362	1.713
$\Delta_4(i)$	0.030	0.105	0.000	0.014	0.131	0.255	0.133	0.254	0.013	3.681	6.386	1.230	1.134

根据灰色关联分析原则，关联度越大表示比较序列与参考序列越接近。由表4-9可知，4种干燥方式海鲜菇的加权关联度由大到小排序是：不加热冻干＞加热冻干＞热泵干燥＞热风干燥，不加热冻干与加热冻干之间的加权关联度差异不

显著，但与热泵干燥、热风干燥差异性显著，说明不加热冻干与加热冻干对海鲜菇品质的影响不显著，且不加热冻干与加热冻干2种冻干处理海鲜菇品质明显优于热泵干燥、热风干燥，同时加热冻干比不加热冻干在耗时、耗能明显更有优势，所以选择加热冻干作为海鲜菇较合适的备选干燥工艺。

表4-9　参考序列与比较序列的灰色关联系数及加权关联度

$\xi_n(i)$	蛋白质	还原糖	脂肪	灰分	粗纤维	总黄酮	总多酚	粗多糖	氨基酸	色差	褐变指数	硬度	咀嚼度	加权关联度
$\xi_1(i)$	0.991	1.000	0.976	0.983	0.970	0.904	1.000	1.000	0.975	0.992	0.987	1.000	1.000	0.988
$\xi_2(i)$	0.989	0.984	0.976	0.987	0.975	0.974	0.946	0.967	0.978	1.000	1.000	0.980	0.930	0.981
$\xi_3(i)$	1.000	0.968	0.988	1.000	1.000	1.000	0.941	0.903	1.000	0.533	0.453	0.701	0.651	0.645
$\xi_4(i)$	0.991	0.968	1.000	0.996	0.961	0.926	0.960	0.926	0.996	0.465	0.333	0.722	0.738	0.609

4. 海鲜菇干燥技术讨论与结论

（1）不同干燥方式对海鲜菇物性品质特性的影响差异

有关研究表明，植物的干燥方式及工艺参数决定了因干燥脱水而造成的组织细胞收缩范围及内部破坏程度，干燥过程中样品品质会受温度、真空度等因素影响，高温条件下样品成分发生化学或物理变化，色泽和质构上也发生相应变化，而低温条件下各种化学反应速率降低，真空条件则因无氧可抑制相关的氧化反应。本研究比较了不加热冻干、加热冻干、热泵干燥、热风干燥4种干燥方式对海鲜菇质构、色泽等物性品质特性的影响。

物料干燥过程中硬度的主要影响因素是干燥过程中的水分迁移速率。水分在干燥过程中迅速去除，形成网络结构，造成组织纤维收缩。热风干燥时，物料表面水分蒸发速度大于内部水分转移速度，表面形成一层干硬膜使样品硬度较大；冻干产品因其细胞间冰晶的直接升华，组织结构较为完整，收缩率小且孔径多，因此冻干海鲜菇硬度较小。

物料在干燥过程中随着水分的迁移，产生毛细管收缩、细胞破碎等现象，进而导致组织结构塌陷。Krokida等研究了香蕉、胡萝卜、马铃薯和苹果容积密度及孔隙率在不同干燥方式下的差异，发现真空冷冻干燥物料容积密度最低、孔隙率最高；陈鑫等用扫描电镜观察发现松茸姬组织结构在热风干燥、真空干燥后均发生了明显的皱缩和塌陷，真空冷冻干燥能保持松茸姬良好的网状结构，与本研究关于不同干燥方式对海鲜菇微观结构的影响结果基本一致。

从色泽来看，4种干燥方式干燥的海鲜菇均有发生一定程度的褐变，这与国外Krokida等的结论一致；冻干海鲜菇明度值 L^* 显著高于热泵干燥和热风干燥，冻干海鲜菇色度与新鲜海鲜菇色泽更接近，表明冻干方式能更好地保持海鲜菇原本颜色，这可能是真空条件下酶钝化而使样品不易发生美拉德反应，能较好地保持样品原有的色泽。

（2）不同干燥方式对海鲜菇活性成分的影响差异

干燥方式对干制产品的功能成分具有一定的影响。不加热冻干海鲜菇的总多酚、多糖显著高于加热冻干、热泵干燥、热风干燥，这可能是因为不加热冻干过程中由于隔绝氧气减缓了海鲜菇中多酚、糖类物质生化反应的发生，减少了多酚、糖类物质的消耗，这与韩姝莹等的研究结果一致，韩姝莹等研究发现铁皮石斛中的多糖类物质在真空冷冻干燥下可较好地保存。有研究表明，果蔬在干燥过程中黄酮类化合物会累积，热处理能使组织细胞中的黄酮类物质释放出来，但也会使氧化酚类物质的多酚氧化酶失活；热处理促进海鲜菇细胞破碎和共价键断裂而使黄酮类物质更多溶出，但当干燥温度升高至60℃（热风干燥温度）时，过高的温度使释放出的黄酮发生了分解反应，所以加热冻干及热泵干燥海鲜菇的总黄酮含量较高，这和宋慧慧等的研究结果一致。

（3）结论

海鲜菇中蛋白质、氨基酸、还原糖、脂肪、灰分、粗纤维等营养成分受干燥方式的影响较小；不加热冻干可以更好地保留海鲜菇中的多糖和多酚等功能成分；热泵干燥可以更好地保留总黄酮成分；加热冻干、不加热冻干可以更好地保持色泽，具有良好的质构及更加疏松的组织结构。利用灰色关联分析法对其营养成分、功能成分、色泽、质构及微观结构等多项指标进行了综合分析，结果显示不加热冻干与加热冻干的加权关联度明显高于热泵干燥、热风干燥，且两者之间差异不显著。综合考虑，加热冻干是海鲜菇较合适的干燥方式。

（二）海鲜菇汤块加工技术

当前，海鲜菇在市场上主要以鲜菇形式出售，食用方式常局限于蒸、煮、炸、炒等常规菜肴制作方法。这种食用方法既耗费时间，也没有充分发挥海鲜菇本身的药理作用。另外，海鲜菇的加工仅限于脱水干制品、海鲜菇罐头、海鲜菇酱、海鲜菇膨化食品等，产品形式单一，所以急需开发多品种的海鲜菇产品。随着社会的发展、生活节奏的加快，食品的天然、营养和方便越来越得到人们的重视，汤品一直是大家喜爱且家庭生活不可缺少的菜肴之一，但汤品的制作时间长，这与快节奏的生活形成矛盾，因此生产标准化的即食速食汤品成为现代生活的需求。

1. 海鲜菇汤块加工工艺

海鲜菇—杀青—调味—装模—冻结—真空冷冻干燥—包装—检验—入库

2. 海鲜菇杀青技术

（1）不同杀青方式对海鲜菇表面颜色的影响

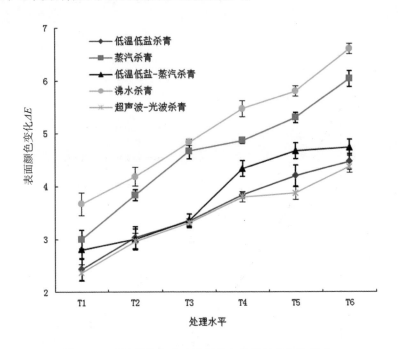

图4-7　不同杀青方式对海鲜菇表面颜色变化的影响

海鲜菇表面颜色变化是由海鲜菇表层脱水引起的。由图4-7可知，所有处理条件下的海鲜菇表面颜色变化值ΔE均小于7，其中T3处理组中低温低盐杀青、低温低盐—蒸汽杀青及超声波—光波杀青的脆片表面颜色变化值ΔE均较小，而此时蒸汽杀青、沸水杀青的表面颜色变化值 *ΔE* 已达 4.7、4.8。这可能是因为长时间的热效应会导致海鲜菇表面颜色变化较大，不利于产品色泽的保护，因此海鲜菇加工过程中应避免长时间的高温杀青。

（2）不同杀青方式对海鲜菇 POD 残留活性的影响

果蔬杀青通常是以 POD 活性钝化作为标准，钝化 90% 的 POD 活性为最佳终点。由图 4-8 可知，海鲜菇 POD 活性残留量在杀青前期呈现大幅下降的趋势，而后下降趋势较为平缓。联合杀青在 T3 处理组（低温低盐杀青—蒸汽杀青 60min、超声波—光波杀青 10s）中 POD 残留活性为 9.9%（10% 以下），此水平下单一低温低盐杀青、蒸汽杀青、沸水杀青均未使酶活降至 10% 以下；单一低温低盐杀青使酶活降至 10% 以下需 210min 以上，所需时间太长；单一蒸汽杀青、沸水杀青使酶活降至 10% 以下只需 7min、2.5min，时间虽短但此时其色泽变黄，外观品质差。所以，超声波—光波杀青在钝化 POD 酶活性的同时，产品外观品质保持较好且时间相对较短。

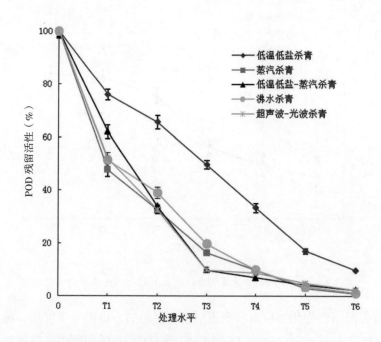

图 4-8　不同杀青方式对海鲜菇 POD 残留活性的影响

（3）不同杀青方式对海鲜菇硬度的影响

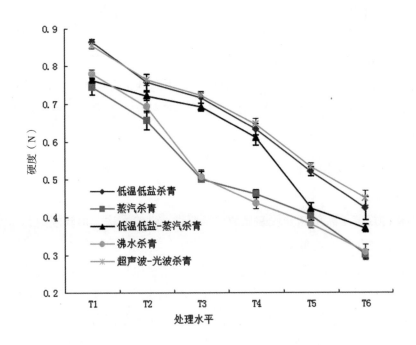

图 4-9　不同杀青方式对海鲜菇硬度的影响

由图 4-9 可知，蒸汽杀青、沸水杀青较低温低盐杀青、低温低盐—蒸汽杀青、超声波—光波杀青对海鲜菇硬度的影响更显著。在同一处理水平下，低温低盐杀青处理的海鲜菇硬度最大。在 T3 处理组中，蒸汽杀青处理的海鲜菇硬度为 0.50N，均显著低于低温低盐杀青（0.72N）、低温低盐—蒸汽杀青（0.69N）、超声波—光波杀青（0.73N）处理。低温低盐杀青、低温低盐—蒸汽杀青、超声波—光波杀青均更有利于海鲜菇硬度的保持，产品口感较好。

（4）结果

海鲜菇是具有较好经济价值的农产品，在制备汤块产品过程中，本项目研究了蒸汽杀青、低温低盐杀青、低温低盐—蒸汽杀青、沸水杀青等 4 中杀青方法对海鲜菇 POD 活性、色差、硬度等的影响，确定出其较好的杀青工艺为低温低盐—蒸汽杀青，最佳工艺条件为先 4℃下低温低盐（0.5%）杀青 60min，然后蒸汽杀青 1min。

3. 海鲜菇汤块真空冷冻干燥技术

应用响应面分析法建立了海鲜菇汤块真空冷冻—热风联合干燥过程中转化含水率、加热板温度、热风干燥温度及干燥总时间 4 个影响因素的回归模型，且模型合理可靠。最佳工艺参数为冷冻干燥（加热板温度 46℃）至含水率 43% 后 60℃下热风干燥（干燥总时间 45h），在此条件下海鲜菇脆片的综合评定值为 0.97，能有效保持产品品质、缩短干燥时间、提高生产效率，在实际生产中可进一步推广应用。

4.《海鲜菇汤块》标准

（1）范围

本标准规定了海鲜菇汤块制品的技术要求、试验方法、检验规则和标签、包装、运输、贮存和保质期。

本标准适用于以新鲜海鲜菇或其副产物为主要原料，添加食盐为辅料，选择添加食品添加剂明胶，经原料清洗、切分成型、杀青、铺盘、冻结、冻干—热风联合干燥、选别、包装多个工序组合制成的冻干即食汤块制品。

（2）规范性引用文件

下列文件对于本文件的应用是必不可少的。凡是注日期的引用文件，仅所注日期的版本适用于本文件。凡是不注日期的引用文件，其最新版本（包括所有的修改单）适用于本文件。

GB 2760《食品安全国家标准 食品添加剂使用标准》

GB 2762《食品安全国家标准 食品中污染物限量》

GB 2763《食品安全国家标准 食品中农药最大残留限量》

GB 29921《食品安全国家标准 食品中致病菌限量》

GB 4789.1《食品安全国家标准 食品微生物学检验 总则》

GB 4789.2《食品安全国家标准 食品微生物学检验 菌落总数测定》

GB 4789.3《食品安全国家标准 食品微生物学检验 大肠菌群计数》

GB 4789.15《食品安全国家标准 食品微生物学检验 霉菌和酵母计数》

GB 5009.3《食品安全国家标准 食品中水分的测定》

GB 5009.11《食品安全国家标准 食品中总砷及无机砷的测定》

GB 5009.12《食品安全国家标准 食品中铅的测定》

GB 5009.15《食品安全国家标准　食品中镉的测定》

GB 5009.17《食品安全国家标准　食品中总汞及有机汞的测定》

GB 5461《食用盐》

GB 5749《生活饮用水　卫生标准》

GB 6783《食品安全国家标准　食品添加剂　明胶》

GB/T 6543《运输包装用单瓦楞纸箱和双瓦楞纸箱》

GB 7096《食品安全国家标准　食用菌及其制品》

GB 7718《食品安全国家标准　预包装食品标签通则》

GB 14881《食品安全国家标准　食品生产通用卫生规范》

GB 28050《食品安全国家标准　预包装食品营养标签通则》

JJF 1070《定量包装商品净含量计量检验规则》

国家质检总局（2005）第 75 号令《定量包装商品计量监督管理办法》

（3）技术要求

①原辅材料。

海鲜菇：符合 GB 7096 和 GB 2763 的要求。

食用盐：应符合 GB 5461 的要求。

生产加工用水：应符合 GB 5749 的要求。

明胶：应符合 GB 6783 的要求。

②感官指标，应符合表 4-10 的要求。

③理化指标，应符合表 4-11 的要求。

④微生物指标，应符合表 4-12 的要求。

表 4-10　感官指标

项　目	指 标 要 求
色泽	呈冻干即食汤块制品固有的颜色，无焦黑
组织形态	产品的形状、块形基本完整
复水性	85℃以上热水冲调产品，搅拌后快速复水分散
滋味气味	具有产品正常的鲜香气味和滋味，无不良异味
杂质	无肉眼可见的外来杂质

表 4-11　理化指标

项　　目	指　　标
水分（g/100g）	≤ 8
盐分（以 NaC1 计，g/100g）	≤ 30
铅（以 Pb 计，mg/kg）	< 1.0
镉（以 Cd 计，mg/kg）	≤ 0.5
总汞（以 Hg 计，mg/kg）	≤ 0.1
总砷（以 As 计，mg/kg）	≤ 0.5

表 4-12　微生物指标

项　　目	指　　标
菌落总数（CFU/g）	≤ 30000
大肠菌群（MPN/g）	≤ 3.8
霉菌（CFU/g）	≤ 65

⑤净含量，应符合《定量包装商品计量监督管理办法》的要求。

⑥食品添加剂。

食品添加剂质量应符合相应的标准和有关规定。

食品添加剂的品种和使用量应符合 GB 2760 的规定。

食品添加剂明按生产需要适量使用。

（4）试验方法

①感官检验。将试样倒在洁净的白瓷盘中，嗅之气味，并将其置于自然光下用肉眼观察其色泽、形态及杂质。然后，放入 250mL 烧杯中冲入水温的 85℃以上的热水，搅拌后观察试样的冲调复水分散性。

②理化检验。

水分：按 GB 5009.3 规定的方法检验。

砷：按 GB 5009.11 规定的方法检验。

铅：按 GB 5009.12 规定的方法检验。

镉：按 GB 5009.15 规定的方法检验

汞：按 GB 5009.17 规定的方法检验。

③微生物检验。

菌落总数：按 GB 4789.2 规定的方法检验。

大肠菌群：按 GB 4789.3 规定的方法检验。

霉菌：按 GB 4789.15 规定的方法检验。

④净含量，按 JJF 1070 规定的方法检验。

（5）检验规则

①产品须按批检验合格后，并出具合格证方可出厂。

②产品检验取样，按生产班次取样，每班每个品种取样不得少于 3 个预包装。

③产品检验分出厂检验与型式检验。

出厂检验项目为感官指标、净含量、水分含量、菌落总数、大肠菌群。

型式检验为标准规定的全部项目，正常时，每年进行一次，有下列情况之一时也应进行：产品投产时；主要原料、工艺、配方有重大改变时；停产 3 个月以上又恢复生产时；常年批量生产的每半年检验一次；原料产地变更或对采购的原料质量有怀疑时；国家质量监督部门有要求时。

④判定规则。检验项目全部符合本标准的规定，判该批产品为合格产品。

微生物指标如有一项不符合要求，即判该批产品为不合格。其他项目如有一项以上（含一项）不合格，应在同批产品中加倍抽样复检，以复检结果为准。若复检项目仍有一项不合格，则判该批产品为不合格品。

（6）标志、包装、运输、贮存和保质期

①标志。产品销售包装上的标志应符合 GB 7718、GB 28050 和国家质检总局（2005）第 75 号令《定量包装商品计量监督管理办法》的规定。

②包装。若产品内包装采用复合铝箔袋、聚乙烯、聚丙烯、聚苯乙烯、纸杯，则复合铝箔袋应符合 GB 9683 的要求，聚乙烯包材应符合 GB 9687 的要求，聚丙烯包材应符合 GB 9688 的要求，聚苯乙烯包材应符合 GB 9689 的要求，纸杯应符合食品安全要求。

若产品外包装采用瓦楞纸箱，应符合 GB/T 6543 的要求。箱体必须牢固，胶封结实。

③运输、贮存。产品运输时应轻拿轻放，运输工具应干净、干燥、无气味影响，运输中应注意防晒、防雨、防重压、防碰伤。

产品贮存应在阴凉、干燥、避光环境中，注意防潮、防鼠、防污染。

保质期为在原包装内符合本标准要求的贮存条件的环境下 1 年。

（三）海鲜菇副产物面条加工技术

食品加工和增值是食品价值链中的关键步骤。谷物是人类最基本的食物资源，能够提供人体必需的绝大部分营养素；食用菌是一种可食用的大型真菌，有很高的营养价值，还含有大量蛋白质、多糖、维生素、氨基酸、矿物质和膳食纤维等多种成分和生理活性物质，有降血糖、降血压、降血脂、抗病毒、抗疲劳和调节免疫力等生理功能，是一种理想的营养健康食品；而面条则是我国的传统食品，随着生活水平的提高，人们对这种传统食品的品质也提出了更高要求，更加注重面条养生保健功能。因此，学者们朝着研究新型营养面条的方向努力，在面条中加入各种不同的蔬菜，如 Li 等研制的紫山药盐渍面条、Nothando Delight Qumbisa 等研制的苋菜叶粉方便面、M. Kürşat Demir 研制的小麦胚芽土耳其面条、S.K. Reshmi 等研制了富含柑橘（柚子）水果片的面条、QI Jing 等对杂粮面条进行了研究；也有学者进行香菇面条体外胃消化抗氧化的研究、香菇面条品质提升的研究、毛木耳面条预防高脂饮食的研究，以及对食用菌五谷面条的特性进行研究、对添加蘑菇菌粉的意大利面进行研究，相关的研究表明添加食用菌的面团，由于纤维含量增加，面团的结合力和延展性会降低，同时也降低了面条制品的感官质量和综合品质，对面条蒸煮性和质构性的影响深远。李波等的研究结果表明，添加平菇粉对面条的品质特性会产生一定的影响，3% 的平菇粉添加量所制作面条的品质较好，而金针菇的不同添加形式会对面条品质特性产生影响，金针菇的添加量增大，面条的吸水率、延伸率、断条率、烹煮损失率都随之增高。王丹等研究了木耳粉对面团流变学特性及面条品质的影响，指出添加木耳粉能显著增加面团的吸水率和弱化蛋白质度，使面团形成时间缩短，而一定量的木耳多糖可改善面筋的蛋白网络结构，增加其对淀粉颗粒的包裹力。

海鲜菇中含有大量的鲜味游离必需氨基酸，其子实体中的营养成分和活性成分的含量较高，且其副产物中都含有黄酮类化合物。因此，选用海鲜菇粉、高筋面粉、谷朊粉等为主要配料，研究不同添加量海鲜菇粉对面条蒸煮、质构等品质特性的影响，为功能性海鲜菇面条的配方提供依据，以期实现海鲜菇谷物食品、

海鲜菇功能特性产品的产业化开发。

1. 加工工艺海鲜菇面条生产工艺流程

（1）原料预处理

原辅料的预处理是保证海鲜菇面条产品质量，延长货架期非常重要的一步。包括面粉和海鲜菇原料的减菌化处理和生产用水的净化处理，同时海鲜菇粉粒度小于120目。

（2）盐水调配

将盐、碱调配好放入盐水罐中进行混合。盐水罐的构成较为简单，主要配备有搅拌、计量和输送设备。由于盐、碱本身含菌量极少，因此严格控制好设备用水和设备本身的卫生就可以保证这一环节的安全卫生。

（3）和面

和面是海鲜菇面条生产的重要工序，在和面机中将混合粉和盐水搅拌混合均匀，使面筋网络充分形成，以利于后续压延工序的顺利进行。和面工艺的优劣还影响到最终产品的品质。

（4）复合压延

复合的主要目的是初步将面团压成面片，使得面团中松散无序的面筋网络形成紧实有序的面筋网络，便于后续加工工序的开展。

（5）熟化

熟化的主要作用是让面筋网络有时间充分吸水，使其结构形成更紧密牢固，提高面团的加工性能。一般醒发熟化在醒发箱中进行，调控好温度与湿度，该环节对面筋的形成尤为重要。采用全自动制面机组，熟化在带式熟化喂料机中进行，熟化时间为25min。储面箱槽配有不锈钢拨料机构，食品级输送带可变频调速，实现光电喂料控制。

（6）连续压延

是在面筋网络已经充分形成的条件下，对面片依次压薄，最终使面片形成产品要求的厚度；压辊的直径和辊轮间距依次减小，使得面片中水分更均匀分布，面片色泽均匀，蛋白质网络结构更紧密。压延的步骤需要人工操作，将面片放入压辊中，因此要特别注意工作人员的卫生状况及设备安全。

（7）切条

用不同规格的面刀将面条切成规定宽度和长度。面刀为碳钢材质，在转动时，齿轮状的面刀将面带切成面条，面条在面梳作用下不断向外输送。面刀较重且紧实，刀刃上容易有面片残留，因此需要将面刀卸下来清洗干净，避免滋生微生物。

（8）烘干

湿面条随链条移动，缓慢匀速前进，烘房中流动的介质与其接触，把热量传给湿挂面表面，湿挂面表面水分逐步蒸发，扩散到周围干燥介质中，这样湿面条表面的水分就低于湿面条内部的水分，产生了水分梯度，内部的水分就逐渐扩散到表面来；湿面条表面水分被干燥介质带走，内部水分再扩散到表面蒸发，如此连续进行，使湿面条干燥。烘干过程中主要有以下 4 个阶段：

冷风定条：通常采用不加温，而加强空气流动的办法，以大量干燥空气来促进面条去湿，使挂面形状初步固定，除去表面水分。控制烘干时间 25~35min，烘干温度 20~26℃，空气相对湿度 55%~65%。

保潮发汗：此区以水分内扩散为主，强化通风，使空气循环畅通，此时跨区温度上升，不要过"急"，要使温度形成"梯度"，保持一定湿度。控制烘干时间在 30~40min，烘干温度 30~35℃，空气相对湿度 75%~85%。

升温降湿：经过"保潮发汗"阶段的面条，必须进一步升温，适当降低空气相对湿度，使面条水分在高温低湿状态中全面及时地蒸发出去。控制烘干时间约在 90min，烘干温度 35~45℃，空气相对湿度 65%~75%。

降温散热：经过主干燥阶段，面条大部分水分已被脱去，面条的组织已基本固定，此时只需空气的流动作用，缓慢降低面条本身温度，并继续脱去一小部分水分，达到产品质量标准所含水分要求即可。控制烘干时间约在 90min，烘干温度 26~28℃，空气相对湿度 50%~60%。

（9）剪齐及面渣回收

剪齐的目的即用定量切断设备将面条定量（或定长）切断，然后再进行包装成品、便于运输等。面渣回收体现原料综合利用的原则，回收后的面渣在制粉车间中经过粉碎机粉碎，再由除尘器除尘，然后进入原料库。在原料库里，对粉碎的面渣面团进行杀菌处理后，再由质检部对其质量卫生进行抽检，检测合格后，可在制面机组中参与下一批次的加工生产。

（10）包装及检测

包装环节可利用全自动包装机代替手工包装，全自动包装机上配有称量系统，可以准确称量保证产品质量的一致性。

包装结束进行金属检测和质量检测，检测过程在检验室完成。金属检测主要是检测产品中是否混入金属，可有效保证面条产品的基础品质。利用金属检测仪，一旦检测出，仪器会立刻报警。质量检测主要检测重量及面条标准中规定的质构、微生物等指标。此外，质检品控部门也需要经常对产品进行抽检，及时处理不合格产品。包装完毕，装箱后，产品应按先后次序，尽快进入低温冷藏成品库中保存，在库内要按次序堆放，便于运输，做到先进先出、后进后出。

2. 海鲜菇粉添加量的确定

（1）海鲜菇粉添加量对面条烹煮特性的影响

熟断条率和烹调损失率可以反映面条品质，熟断条率和烹调损失率越小则面条品质越好。由表4-13可知，海鲜菇粉的添加量对面条的烹调时间影响不显著，烹调时间基本在6min较适宜。熟断条率与面条品质有着密切的关系，断条率越低，面条品质越好。熟断条率和烹调损失率随着海鲜菇粉比例的增加呈上升趋势，面条的熟断条率从0%上升到13.27%，烹调损失率从4.30%上升到10.73%。菇粉添加量≤4%时，断条率为零；菇粉添加量>12%后，断条率急剧增加，这可能是因为菇粉添加量过多时破坏了面筋网络的完整性，导致其包裹内容物的能力下降，且菇粉中膳食纤维等物质较难被面筋网络所容纳，导致面条的烹调损失率就增高，面条烹煮后发生断条现象。这与Magdalena等认为添加真菌会降低面筋含量的研究结果相一致。按照中华人民共和国的行业标准LS/T 3212-2021《挂面》中的熟断条率（≤5.00%）和烹调损失率（≤10.00%）的要求，选择<12%菇粉添加量可满足面条的行业需求。

表4-13　海鲜菇粉添加量对面条烹煮特性的影响

海鲜菇粉添加量（%）	烹煮时间（min）	熟断条率（%）	烹煮损失率（%）
0	$5.07\pm0.15b$	$0.00\pm0.00d$	$3.47\pm0.25e$
4	$5.60\pm0.26a$	$0.00\pm0.00d$	$4.30\pm0.26d$

海鲜菇粉添加量（%）	烹煮时间（min）	熟断条率（%）	烹煮损失率（%）
8	6.10±0.36a	3.33±0.23c	6.37±0.38c
12	6.03±0.42a	3.27±0.29c	8.43±0.40b
16	5.83±0.40a	6.70±0.52b	9.50±0.78ab
20	5.90±0.52a	13.27±0.81a	10.73±0.85a

（2）海鲜菇粉添加量对面条色泽的影响

色泽是评判食品品质优劣的重要指标之一。从表 4-14 中可以看出，随着海鲜菇粉添加量的增加，面条 L^* 值变化基本上是随着菇粉添加量的增加而变小；颜色的 a^*、b^* 值变化基本上是随着菇粉的添加量的增加而变大。面条颜色变化不大可能是由于海鲜菇子实体自身颜色较浅的缘故。这与方东路等认为添加灰树花粉的面条会影响面团的白度是由于灰树花子实体自身颜色较深引起的原因相一致。

表 4-14　海鲜菇粉添加量对面条色泽的影响

海鲜菇粉添加量（%）	明度值 L^*	红绿值 a^*	蓝黄值 b^*	色差 ΔE
0	81.43±0.48a	0.72±0.12c	6.79±0.20d	18.23±0.16c
4	81.89±0.63a	1.09±0.16b	10.43±0.24c	19.38±1.07bc
8	81.68±0.30a	1.38±0.10b	10.57±0.19c	19.48±0.12b
12	82.01±0.60a	1.42±0.21b	12.82±0.65ab	20.35±0.88b
16	81.31±0.74a	1.89±0.17a	12.03±0.51b	20.49±0.82b
20	79.14±0.87b	1.90±0.15a	13.86±0.89a	23.58±1.04a

（3）海鲜菇粉添加量对面条质构的影响

表 4-15 的数据表明，随着菇粉添加量的增加，对海鲜菇面条韧性、硬度的影响不显著，但咀嚼度均随着添加量的增大而呈增大趋势。在添加量为 4%~12% 时硬度及咀嚼度变化较小，添加量到 12% 后则变化较大。因此可以得出，海鲜菇粉低添加量对面条的硬度、咀嚼性影响较小，而高添加量会使面条中的面筋蛋白减少，且面筋网络结构破坏致其品质降低。韧性随着菇粉添加量增加而减小，这可能是因为海鲜菇粉破坏了面筋网络结构，使其韧性降低。

表 4-15　海鲜菇粉添加量对面条质构的影响

海鲜菇粉添加量（%）	韧性（g·sec）	硬度（g）	咀嚼度（g·sec）
0	49.40±4.52a	4569.66±704.87a	2219.49±300.23c
4	44.56±9.67ab	5159.82±876.56a	2488.41±272.12bc
8	40.56±8.57ab	5247.91±563.41a	2528.27±396.52abc
12	38.24±3.91b	5373.92±359a	2611.15±179.67bc
16	37.12±2.49a	5779.81±292.36a	2980.59±245.14ab
20	35.56±2.54a	5888.68±559.62a	3247.11±289.26a

（4）海鲜菇粉添加量对面条感官品质的影响

感官评定在食品行业中有不可替代的作用，表 4-16 是由 10 人对面条感官品质进行评定的结果。海鲜菇粉的添加对面条感官评定的各个指标都产生了一定的影响。适口性、韧性、黏性和光滑性随着菇粉添加量的增加而降低，这可能是由于随着海鲜菇粉的加入，面条中的面筋蛋白减少，且海鲜菇粉中的膳食纤维也对面筋网络结构造成一定的影响，使得面条的感官品质下降。由于海鲜菇粉颜色白色偏黄，有很强的海鲜味，所以导致色泽、表观状态和食味降低。海鲜菇粉颗粒较粗糙，且含有大量不溶性膳食纤维，所以面条的光滑性下降。实验结果表明，添加海鲜菇粉后的面条感官品质呈下降趋势，菇粉添加量 4% 的面条感官品质最高，与菇粉添加量 <12% 的无显著差异，菇粉添加量 >12% 的面条感官总分明显降低。

表 4-16　海鲜菇粉添加量对面条感官品质的影响

色泽	表现状态	适口性	韧性	黏性	光滑性	食味	色泽	表现状态
0	9.07±0.15a	9.23±0.12a	18.03±0.32a	21.33±0.45a	22.60±1.85a	4.87±0.21a	4.70±0.20a	89.83±1.68a
4	8.50±0.10b	8.60±0.46ab	17.37±0.80ab	20.63±1.16ab	22.07±2.04a	4.53±0.60a	4.60±0.44a	86.30±2.01ab
8	8.17±0.32bc	7.93±0.74bc	17.47±0.96ab	20.17±0.83ab	21.83±2.12a	4.33±0.70a	4.53±0.40a	84.43±3.20abc
12	8.10±0.44bc	8.20±0.50bc	17.23±0.97ab	20.13±0.76ab	21.13±1.99a	4.30±0.75a	4.50±0.26a	83.60±1.61bc

续表

色泽	表现状态	适口性	韧性	黏性	光滑性	食味	色泽	表现状态
16	8.03± 0.25c	7.27± 0.60c	16.63± 0.61b	19.63± 1.31ab	20.53± 1.59a	3.90± 0.98a	3.67± 0.81a	79.67± 2.60cd
20	7.77± 0.15c	7.17± 0.61c	15.60± 0.78b	18.93± 1.36b	20.10± 1.83a	3.70± 1.31a	3.53± 0.75a	76.80± 3.01d

3. 结论

利用海鲜菇粉研发海鲜菇面条，在确定最佳海鲜菇粉添加量的基础上，也对海鲜菇面条的烹煮特性、色泽和质构进行了分析评价。研究发现，添加适量的海鲜菇粉可以提高面条的感官品质，但添加后，面条的蒸煮特性变差，咀嚼硬度和咀嚼性值却变大，4% 海鲜菇粉添加量就可满足消费者对海鲜菇面条口感与营养品质的需求。这为海鲜菇的深加工提供了一定的理论依据。

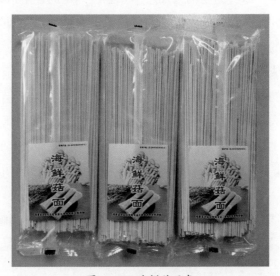

图 4-10　海鲜菇面条

五、杏鲍菇加工技术

　　杏鲍菇（*Pleurotus eryngii*）又称刺芹侧耳，隶属于伞菌目侧耳（口蘑）科侧耳属。菌肉肥厚，质地脆嫩，肉质细腻，风味独特，具有杏仁清香和鲍鱼口感，深受消费者青睐，是联合国粮农组织推荐的食药两用珍稀食用菌，现已成为我国继金针菇之后的第二大工厂化栽培品种。

　　杏鲍菇营养丰富，富含寡聚糖、蛋白质、碳水化合物、维生素及钙、镁、铜、锌等矿物质。子实体中的游离糖主要有海藻糖、甘露糖、甘露醇和葡萄糖；寡糖含量丰富，可改善肠胃功能；蛋白质含量是普通蔬菜的3~6倍；子实体中维生素C含量达214mg/kg。具有预防和抑制肿瘤、降血压、降血脂、美容、抗动脉粥样硬化、抗氧化、提高人体免疫力等药用价值，食药一体，发展前景良好。

图 5-1　杏鲍菇

（一）杏鲍菇多糖提取技术

1. 杏鲍菇多糖提取研究现状

（1）浸提法

浸提法是提取杏鲍菇多糖的传统方法，提取溶剂各不相同。凡军民等采用水浴浸提法确定了杏鲍菇多糖最佳提取条件为提取温度81℃、提取时间3.4 h、料液比1:27（g/mL）、提取1次，多糖提取率为8.29%。苗敬芝等确定水提杏鲍菇多糖的最佳条件为料液比1:20（g/mL）、时间50min、温度30℃，多糖提取率为13.64%。赵慧等采用传统水浴加热法对新鲜杏鲍菇粗多糖的提取工艺进行响应面法分析优化，得到最佳提取工艺条件为提取时间4.9 h、料液比为1:19（g/mL）、提取温度47℃，杏鲍菇粗多糖提取率为5.66%，根据同等质量条件下鲜体仅相当于干质量的1/4左右，粗多糖实际提取率至少应在20%以上。梁涛等用稀碱溶液提取杏鲍菇多糖，得到新的多糖组分PEAP-1，但提取过程中稀碱等有机溶剂使用量大。相比于其他方法，浸提法的操作简单，但是耗时较长，提取率较低。

（2）生物酶法提取

酶法目前已广泛应用于从动植物原料中提取多种生物活性物质，具有提取率高、能源需求低、成本低、操作简单等优点。近年来，有学者采用酶法提取食用菌多糖，酶法处理较浸提法可明显提高多糖的提取率。凡军民等确定了纤维素酶处理提取杏鲍菇多糖的最佳工艺条件为料液比1:30、酶加量0.35%、酶解温度50℃、酶解时间2h、酶提1次，多糖提取率为18.57%，酶法比传统水提取方法多糖提取率高1.24倍。苗敬芝采用复合酶法提取杏鲍菇多糖，最佳工艺条件为酸性纤维素酶2.0%、酸性蛋白酶1.5%、料液比1:20（g/mL）、温度30℃、时间50min，多糖提取率为15.86%，复合酶法比水提法提取率提高了16.28%。酶法最大的特点是作用温和，温和的提取环境降低了杏鲍菇多糖的损失，进而提高得率。但酶法提取对提取条件的要求比较苛刻，酶的种类、最适pH、最适温度等都会影响多糖的提取率。

（3）超声波辅助提取

超声波是一种高频率的机械波，利用超声的空化作用对细胞膜（壁）进行破坏，可以加速并提高多糖的溶出率，另外超声波的次级效应也能加速杏鲍菇多糖的扩散释放及充分溶解，具有能耗低、效率高的特点。黄倩等采用超声真空条件提取杏鲍菇多糖，最佳提取条件为料液比1∶30（g/mL）、超声功率420W、提取时间28min、提取温度65℃、真空度0.05MPa，多糖得率为9.33%。王雅等采用超声波协同复合酶法优化了杏鲍菇多糖的提取工艺，最佳配比为纤维素酶1.0%、酸性蛋白酶1.0%、糖化酶0.6%，多糖提取率为12.01%；超声波协同复合酶法提取最佳工艺条件为料液比1∶25（g/mL）、超声功率125W、超声时间15min，多糖提取率为14.56%。超声协同复合酶法比复合酶法提取杏鲍菇多糖提取率提高了21.23%。超声波法提取时间短、效率高，并且提取过程在低温下进行，有效成分损失小。但超声时间不宜过长，否则可能造成多糖链断裂而降低多糖的得率。

（4）微波辅助提取

微波辅助提取是在传统提取工艺的基础上强化传热、传质的物理过程。微波辅助提取已在植物活性成分提取中得到较为广泛的应用。李志洲等采用微波辅助提取杏鲍菇子实体多糖的适宜工艺条件为提取温度76℃、提取时间12min、料液比1∶35、微波功率700W，提取2次，杏鲍菇多糖的得率可达11.80%。柯乐芹等采用微波辅助提取杏鲍菇残渣中多糖的较佳条件为水料比35∶1（mL/g）、提取时间15min、微波功率570W，此条件下多糖的提取率为12.11%，比热水提取高出41.21%，且提取时间缩短了105min。该法用时短，这是由于微波具有较强的穿透力，可同时在杏鲍菇内外部快速均匀加热，使多糖易于溶出和释放，但是微波具有较强的辐射性，对物质的破坏作用也较强。

2. 杏鲍菇多糖超声波—内部沸腾法提取技术

该提取技术规程如下。

（1）原料预处理

将杏鲍菇干品粉碎至60目左右。

（2）超声波—内部沸腾法提取

称取一定量的杏鲍菇粉，按1∶3的比例加入47%乙醇溶液，室温下解吸30min；然后置于超声循环提取机中，按液料比23mL/g快速加入90℃热水，超声功率475W下提取8min。再经真空过滤、离心、浓缩、醇沉后冷冻干燥。

（二）杏鲍菇秋葵咀嚼片加工技术

1. 咀嚼片研究进展

（1）咀嚼片概况

咀嚼片是一类可在口腔内嚼碎后吞咽的剂型，大小与普通片剂基本相同，可制成形状不同的异形片。咀嚼片经嚼碎后表面积增大，能促进药物在体内的溶解和吸收，即使在缺水状态下也可以保证按时服药，可以减少药物对胃肠道的负担。

咀嚼片作为近年来果蔬加工的新形式，与新鲜果蔬及其他类型的加工产品相比较，具有便于运输、储藏、携带和服用等特点；且咀嚼片经过咀嚼后，可加速功效成分在体内的吸收。咀嚼片生产加工过程较为简单，具有生物利用度高、加工成本低等特点，促使人们越来越注重咀嚼片产品的开发。咀嚼片的研发，不仅能够增加市场产品种类，还能够充分利用原材料发挥其功能性，因此咀嚼片具有广阔的开发前景。

（2）咀嚼片辅料

①黏合剂。黏合剂用于改善物料的黏性。黏合剂的选择和用量对咀嚼片有重要的影响，一般通过对咀嚼片的外观、硬度、生产成本等作为指标评价来选择合适的黏合剂。常用的黏合剂有聚维酮、淀粉和明胶等。当药物自身或辅料润湿具有黏性时可以适量加入润湿剂，常用的润湿剂有水和不同纯度的乙醇。

②润滑剂。润滑剂可以增加粉末的流动性、改善咀嚼片的外观，目前最常用的润滑剂为硬脂酸镁和滑石粉，通常少量添加就可以起到很好的润滑效果。研究中可通过对各种润滑剂特性进行分析，优选出润滑剂的合适比例，两种或多种合用可使润滑和助流等效果达到最佳。此外，研究表明若片剂中含有易溶的糖（醇）类填充剂，则在咀嚼片入口咀嚼几秒后即可快速液化释放出药物，此类咀嚼片被称为液化咀嚼片，镇痛止咳类药、制酸类药等可以制成此种制剂。

③矫味剂。矫味剂可以使咀嚼片具有良好的口感，矫味剂又分为清凉剂、芳香剂、胶浆剂、甜味剂等。目前常用清凉剂：主要为薄荷脑；芳香剂：香蕉香精、柠檬香精、樱桃香精、草莓香精等；胶浆剂：明胶、阿拉伯胶、羧甲基纤维素、海藻酸钠等；甜味剂：蔗糖、木糖醇、三氯蔗糖、甜菊糖、阿斯巴甜、乳糖、甘

露醇等。其中，乳糖具有良好的流动性和可压性，可直接压制成片，被选择为压片工艺中常用辅料。三氯蔗糖是一种强效甜味剂，研究表明了麦芽糖醇和三氯蔗糖在掩盖对乙酰氨基酚咀嚼片的味道中的协同作用，在儿童对乙酰氨基酚咀嚼片的配方中的作用，以及三氯蔗糖相对于麦芽糖醇与其他强化甜味剂组合的优越性。而且只有在使用三氯蔗糖作为高强度甜味剂时才能观察到良好的口味掩蔽效应。

④其他辅料。在人用药咀嚼片中，基本不会加入崩解剂，但在动物咀嚼片中，考虑到动物可能会咀嚼不充分或直接吞咽，因此应加入崩解剂。崩解剂是指能使片剂在胃肠液中迅速裂碎成细小颗粒的物质，从而使功能成分迅速溶解吸收，发挥作用。这类物质大都具有良好的吸水性和膨胀性，从而实现片剂的崩解。常用崩解剂为交联羧甲基纤维素钠、交联聚维酮和羧甲基淀粉钠等。崩解剂的加入方法主要有外加法、内加法、内外加法三种。合理使用崩解剂对处方研究具有重要意义，除了缓释片及某些特殊用途的片剂以外，一般的片剂中都应加有崩解剂。

（3）咀嚼片加工工艺

常见的咀嚼片制作方法可分为两种，全粉末直压法和湿法造粒压片法，市场上大多数咀嚼片产品都是经过湿法造粒压片法加工而成。

①湿法造粒压片法。湿法造粒压片法需要经过制软材、造粒、整粒等工序，可有效解决粉末流动性差、可压性差等问题，同时还减少了压片过程中粉末乱飞的现象。

②全粉末直压法。全粉末直压法则省去了造粒、制粒等步骤，具有工艺简单、缩短产品生产周期、提升生产效率等优点，但是全粉末直压法对辅料的要求较高，需要加入具备良好可压性及流动性的辅料来填补物料粉末自身流动性差的缺陷。

2. 杏鲍菇秋葵咀嚼片加工技术

（1）杏鲍菇秋葵咀嚼片制备工艺流程

原料预处理—混合（杏鲍菇粗多糖、杏鲍菇超细粉、黄秋葵超细粉质量比为38：49：13）—搅拌均匀—直接压片（全粉末强制加料）—质量检验—包装—成品

①原料预处理。新鲜杏鲍菇清洗后60℃热风烘干，粉碎过20目筛，再超细

粉碎至250目左右。新鲜黄秋葵经清洗、切片、热风烘干（60℃）、粗粉碎（20目）后超细粉碎至250目左右备用。

②混合。杏鲍菇粗多糖、杏鲍菇超细粉、黄秋葵超细粉质量比为38：49：13，混合均匀。

③直接压片。杏鲍菇秋葵咀嚼片的最佳直接压片工艺为充填压力20kN、充填深度12mm、转台速度20r/min。

图5-2 杏鲍菇

图5-3 黄秋葵

图5-4 直接压片

图 5-5　杏鲍菇秋葵片产品

（2）技术特点

①项目已获国家发明专利授权，专利号：ZL 2015104975503。

②采用杏鲍菇水提物和黄秋葵超微粉为原料，一方面由于杏鲍菇水提物及黄秋葵超微粉具有良好的黏性，使其无需添加硬脂酸镁、微晶纤维素等传统的赋形剂也能良好成型；另一方面可使产品含有丰富的蛋白质、海藻糖和果胶，从而使所得杏鲍菇秋葵咀嚼片不仅具有良好的降血糖作用，还具有良好的抗氧化性。

③在杏鲍菇水提物的粉碎过程中先加入一定量的杏鲍菇超微粉共同粉碎，不仅可避免冷冻干燥制得的杏鲍菇水提物在粉碎过程中吸水导致粉碎不彻底、粘壁等问题，也利于后续原料的混合均匀。

图 5-6　授权国家发明专利证书

④所制得的杏鲍菇秋葵咀嚼片具有杏鲍菇特有的香味，且其崩解时间 46~53min、硬度 100~120N、片剂脆碎度（减失重量）0.2%~0.3%、含水量低于 7.5%，具有性质稳定、崩解效果好的特点。

3. 杏鲍菇秋葵咀嚼片产品质量标准

杏鲍菇秋葵咀嚼片产品光泽均匀一致；形状完整，表面光滑；组织坚实不黏连；香气适中，滋味纯正稍有苦味；硬度适中；并无肉眼可见杂质。

产品中多糖含量 ≥ 50g/100g，水分含量 ≤ 8%，崩解时限 ≤ 55 min，硬度 ≥ 80N，脆碎度 ≤ 0.6%；铅 ≤ 1mg/kg，总砷 ≤ 0.5mg/kg，铜 ≤ 10mg/kg。

产品中的细菌总数 ≤ 750CFU/g，大肠菌群 ≤ 30MPN/100 g，霉菌 ≤ 25CFU/g，酵母菌 ≤ 25CFU/g，致病菌（沙门菌、志贺菌、金黄色葡萄球菌）不得检出。

（三）杏鲍菇软罐头加工技术

1. 杏鲍菇软罐头加工工艺

（1）加工工艺流程

盐渍菇（鲜菇）—清洗—分切—烫漂（脱盐）—调味—干燥—真空包装—杀菌—冷却—成品

（2）操作要点

①清洗：鲜菇主要是将培养基等杂质清洗去除；盐渍菇主要是洗掉菇表面大量的盐分和盐渍味。

②切块：将杏鲍菇分切成大小均匀、厚度基本一致的形状。

③烫漂（脱盐）：鲜菇采用沸水烫漂 10min，达到熟化和灭酶的目的；为了加快盐渍菇的脱盐，采用煮制脱盐，既脱盐又可去除盐渍异味。

④卤制调味：将给定的调味料配方和试验设计的调味技术调味。

图 5-7　杏鲍菇原料

图 5-8　卤制

⑤干燥：采用热风 60℃干燥 60min。

⑥真空包装：采用 7cm×11cm、厚 0.08mm 的耐 121℃的高温蒸煮袋包装，每袋 20g，装填 4~6 片大小均匀杏鲍菇，装填后抽真空密封包装。

图 5-9　装袋和包装

⑦杀菌：高温杀菌，在 121℃条件下保持 20min。

⑧冷却：杀菌后的产品用流动水冷却至室温，袋表面水擦干净即成品。

图 5-10　杏鲍菇软罐头产品

2. 不同原料对杏鲍菇软罐头产品品质的影响

（1）商品菇和菇头两种原料对杏鲍菇软罐头产品品质影响

从表 5-1 可知，对于滋味和外观，A 产品（商品菇原料制备的产品）优于 B 产品（菇头原料制备的产品），可能是杏鲍菇菇头的膳食纤维含量比商品菇高，导致难以入味，而副产物原料形状不规则的特点决定了其产品形状均一性不佳。

而在嚼劲、色泽上，B产品优于A产品，杏鲍菇菇头中含量较高的膳食纤维是B产品更具有嚼劲上的主要原因，而A产品色泽偏深是由于商品菇多糖和氨基酸含量高于菇头，底物量大，美拉德反应更强烈。综合各项指标，A、B产品模糊感官评定等级分别为三级和二级，杏鲍菇菇头更适合开发作为即食休闲食品的原料。

表5-1　不同原料对杏鲍菇软罐头产品感官的影响

组别	原料	感官评价	模糊感官评定等级	量化为分数
A	商品菇	味道协调，滋味丰富，嚼劲、色泽不好，外观均一	三级	76.68
B	副产物（菇头）	味道协调，滋味一般，嚼劲、色泽好，外观不太均一	二级	83.93

食品的质构是影响食品口感的重要特性，色泽则影响产品的外观，本文利用食品质构仪和色差计分析商品菇和菇头对杏鲍菇软罐头产品质构影响，结果见表5-2。

表5-2　不同原料对杏鲍菇软罐头产品质构和色泽的影响

组别	产品质构（N）和色泽						
	硬度	弹性	黏性	咀嚼性	亮度值 L^*	红绿值 a^*	黄蓝值 b^*
A（商品菇）	0.53±0.14	0.99±0.04	0.19±0.04	0.31±0.12	44.04±0.47	22.85±1.98	21.16±0.34
B（菇头）	1.34±0.35	1.03±0.16	0.16±0.02	0.74±0.02	54.73±0.75	12.47±1.63	13.2±0.52

B产品（副产物制备的产品）比A产品（商品菇制备的产品）组织结构更硬，而硬度是反映产品在外力作用下发生形变所需屈服力的大小，B产品硬度值大一方面可能是由于副产物菇纤维含量较高，故细胞间结合紧密，不易发生形变；另一方面也有可能是B产品干制过程中产品表面水分汽化速度更快，内部水分散失过慢，造成表面硬化结壳引起的。咀嚼性参数反映产品在被咀嚼时对外力的持续抵抗性，B产品咀嚼力也大于A产品。从质构的4项指标和色泽的3项指标可知，B产品参数更接近最适值，质构特性和色泽更佳。

（2）鲜菇、盐渍菇和干制菇三种原料对杏鲍菇软罐头产品品质影响从表5-3感官结果知，盐渍菇感官评分最高。虽然经盐水腌渍过，但加工出的产品并无异味，且嚼劲好；色泽好是因为盐有护色效果，加有柠檬酸的20波美度的盐水护色效果更好，外观形态保持较好，但入味效果不如鲜菇。而经热风干制的菇，入味好，但干制过程中因多酚氧化酶（PPO）引起的酶促褐变和因还原糖、氨基酸引起的非酶褐变导致的颜色发黄、发暗，使产品色泽不好，且菇有皱缩，感官评分不高。因此，从感官结果上选用盐渍菇。

表5-3　不同原料对杏鲍菇软罐头产品感官品质的影响

原料	感官评价	模糊感官评定等级	量化为分数
鲜菇	味道协调，滋味丰富； 嚼劲不好，微软； 色泽偏暗，外观不好	二级	80.22
盐渍菇	味道协调，滋味一般； 嚼劲好； 色泽好，外观较好	二级	82.53
干制菇	味道协调，滋味好； 嚼劲好，菇皱缩较严重； 色泽较暗，外观形态不好	三级	78.65

表5-4结果显示，产品质构的4个指标结果表明，鲜菇、盐渍菇、干制菇3种原料制成的成品都存在显著差异，只有在黏性方面，干制菇加工成的产品最接近最适值，其他3个指标则是盐渍菇更好。从色泽的3个指标结果表明，干制菇的产品与商品菇和盐渍菇的产品差异显著，从亮度可知，品质不如鲜菇和盐渍菇；鲜菇与盐渍菇相比，只在亮度值 $L*$ 上差异显著，$a*$、$b*$ 差异不显著，盐渍菇品质好。与感官结果一致，选用盐渍菇。

表5-4　不同原料对杏鲍菇软罐头产品质构和色泽的影响

原料	产品质构（N）和色泽						
	硬度	弹性	黏性	咀嚼性	亮度值 L^*	红绿值 a^*	黄蓝值 b^*
鲜菇	0.80±0.15c	0.84±0.09ab	0.75±0.08ab	0.48±0.21b	47.59±0.68b	12.39±1.87b	10.23±0.62a
盐渍菇	1.15±0.15b	1.00±0.05a	1.08±0.21a	1.03±0.2a	52.37±1.16a	16.19±1.29b	9.63±2.09a
干制菇	1.79±0.13a	0.73±0.04b	0.06±0.13b	0.89±0.07ab	43.38±1.08c	31.27±8.00a	14.72±1.57b

（3）菇头不同厚度对杏鲍菇软罐头产品品质影响

厚度为 0.2~0.4cm 的薄片菇，不管是垂直于菇横切还是顺着菇的方向纵切，原料触摸都较软，无弹性，加工成的产品嚼劲不好，且因片状薄，烘制过程颜色褐变严重，从表 5-5 知，感官评定等级为三级，评分不高。厚度为 0.8~1.0cm 的厚块菇，较好地保持了副产物原来的形状，切分后边角料少，按压有弹性，加工成的产品嚼劲好，色泽好，均一，感官评定等级为二级。

表 5-5　不同厚度对杏鲍菇软罐头产品感官品质的影响

厚度（cm）	感官评价	模糊感官评定等级	量化为分数
0.2～0.4	味道协调，滋味丰富，嚼劲不好，微软，色泽暗淡，外观较均一	三级	78.24
0.8～1.0	味道协调，滋味一般，嚼劲好，色泽较均一，外观较好	二级	82.33

从表 5-6 中质构的硬度、弹性、咀嚼性来看，0.8~1.0cm 的厚块菇加工的产品更接近最适值，同时符合感官评定结果。色泽的 3 个指标也反映了厚块菇加工成的产品品质好。因此，原料分切的厚度为 0.8~1.0cm。

表 5-6　不同厚度对产品质构和色泽的影响

厚度(cm)	产品质构 (N) 和色泽						
	硬度	弹性	黏性	咀嚼性	亮度值 L^*	红绿值 a^*	黄蓝值 b^*
0.2~0.4	0.46±0.05	0.68±0.02	0.49±0.13	0.24±0.06	50.37±1.16	11.59±1.54	12.23±0.60
0.8~1.0	1.35±0.54	1.17±0.10	0.28±0.21	0.77±0.29	58.59±0.68	17.12±1.27	8.63±2.04

（4）结论

利用模糊数学感官评定、食品质构仪和色差计分析，杏鲍菇菇头比商品菇更适宜作为即食产品的加工原料；对于杏鲍菇菇头，盐渍品比其鲜菇和干制品品更适合加工成软包装产品；将杏鲍菇菇头分切成长 × 宽为 3cm×2cm、厚度为 0.8~1.0cm 的原料，其加工成的软包装产品感官品质更好。

3. 杏鲍菇软罐头调味工艺的研究

（1）试验方法

①一次常压常温渗透调味：调味料与原料菇在室温下间歇搅拌 30min，调味结束。

②常压蒸煮渗透调味：调味时，加入原料菇 2 倍的水，将菇和调味料混合沸水煮 20min，最后 10min 用大火将汤汁收干。

③多阶段真空渗透调味：先将菇放置于 60℃真空干燥箱中，抽真空（真空度为 -0.07MPa），使菇在真空条件下微孔及细胞间的空气和部分水分先被抽吸排出；再打开阀门，注入调味料，抽真空，利用真空压差及重力作用渗入菇细胞间隙。

④二次常压常温渗透调味：第一次调味在烫漂后，将调味料与原料菇在室温下间歇搅拌 20min 后，进入干燥阶段，此阶段主要使原料菇内部入味；干燥结束后进行第二次调味，室温下，间歇搅拌 15min，此段主要是原料菇表面入味，此时调味结束，进入包装阶段。

（2）结果与分析

①不同卤制技术对即食杏鲍菇产品品质的影响。从表 5-7 可知，一次常温常压渗透调味的产品不易入味，且入味也不均匀，感官评定为二级；常压蒸煮渗透调味因高温促进煮制液里调味料向菇体细胞里渗透，因此入味效果好，且高温促进菇体不同部位之间传质，因此入味较均匀，感官评定为一级；真空渗透调味时，能缩短渗料时间，且因整个环境在密闭状态下进行，保持了杏鲍菇原有的色泽和风味，同时卫生要求高，能降低细菌指数，感官评定为一级；多阶段真空渗透调

表 5-7　不同调味技术对杏鲍菇软罐头产品感官的影响

调味技术	感官评价	模糊感官评定等级	量化为分数
一次常压常温渗透调味	味道不均匀，风味不突出，嚼劲好，色泽好，外观好	二级	80.22
常压蒸煮渗透调味	味道协调，风味突出，嚼劲好，色泽发黄，外观较好	一级	91.53
多阶段真空渗透调味	味道协调，风味突出，嚼劲好，色泽好，外观形态好	一级	90.65
二次常压常温渗透调味	味道协调，风味突出，嚼劲好，色泽好，外观好	一级	90.35

味克服了入味不均匀的缺点，感官评定为一级。同样为一级的3种调味技术，量化为感官评分差异也较小，考虑到常压蒸煮渗透调味和二次常压常温调味耗能多，不利于工厂化生产，因此综合考虑，选择多阶段真空渗透调味。

从产品质构的硬度、弹性、咀嚼性分析4种调味技术，差异都不显著（见表5-8）。从色泽方面分析，常压蒸煮渗透调味产品亮度值最低，多阶段真空渗透调味产品亮度值最高，一次调味和二次调味介于二者之间；从 $b*$ 值分析，常压蒸煮渗透调味产品黄色较深，真空渗透调味产品黄色浅，一次调味和二次调味介于二者之间。不管是产品质构还是色泽，这4种调味技术指标值都较接近最适值，符合感官评价结果。

表 5-8　不同调味技术对杏鲍菇软罐头产品质构和色泽的影响

指标	调味技术			
	一次常压常温调味	常压蒸煮调味	多阶段真空调味	二次常压常温调味
硬度	1.10±0.09a	1.25±0.15a	0.84±0.13a	1.45±0.54a
弹性	0.97±0.07a	0.97±0.29a	0.86±0.11a	0.95±0.20a
黏性	0.42±0.06b	0.22±0.08c	0.64±0.08a	0.20±0.04c
咀嚼性	0.91±0.10a	1.03±0.20a	0.89±0.07a	0.84±0.19a
亮度值 L*	52.37±1.16b	47.59±0.68b	60.05±5.28a	50.37±1.06b
红绿值 a*	12.39±1.87b	16.19±1.29b	31.27±8.00a	15.06±4.21b
黄蓝值 b*	10.72±1.57ab	13.23±0.62a	7.96±0.98b	9.23±1.53b

②即食杏鲍菇产品真空卤制工艺研究。卤制温度对卤制效果的影响：由预实验可知，真空度为 −0.07MPa 下，卤制汁液 50℃即可沸腾。由表5-9知，随着卤制温度增加，硬度和咀嚼性逐渐增加，当卤制温度为60℃时，硬度和咀嚼性最大，感官品评，咀嚼性好，且入味均匀，滋味丰富，感官评分较高；低于60℃，咀嚼性差，杏鲍菇软绵，不入味，口感差；70℃时，虽然硬度和咀嚼性低于60℃，但从感官评价知，产品品质与60℃接近。从能耗角度考虑，真空卤制温度选择60℃。

表 5-9　卤制温度对产品质构和感官评价的影响

卤制温度	硬度 (N)	弹性 (N)	黏性 (N)	咀嚼性 (N)	感官评价	感官得分
40℃	0.95	1.00	0.53	0.53	软绵，滋味不和谐，口感差	5
50℃	1.28	0.99	0.85	0.84	略有嚼劲，入味不均匀，不适口	6
60℃	1.81	1.02	0.94	0.96	有嚼劲，滋味丰富，口感好	9
70℃	1.45	0.99	0.67	0.88	有嚼劲，入味均匀，口感好	8

卤制时间对卤制效果的影响：从表 5-10 可知，随着卤制时间的增加，硬度和咀嚼性力先增加后降低，卤制时间 30min 是转折点，卤制时间长，嚼劲变差，口感一般，因此卤制时间 30min 时，卤制效果最好。

表 5-10　卤制温度对产品质构和感官评价的影响

卤制时间	硬度 (N)	弹性 (N)	黏性 (N)	咀嚼性 (N)	感官评价	感官得分
10min	0.48	1.02	0.27	0.28	软绵，味道淡薄，口感差	4
20min	0.72	1.00	0.41	0.42	略有嚼劲，入味不均匀，口感微差	7
30min	1.73	0.99	1.37	1.36	有嚼劲，滋味丰富，口感好	9
40min	1.28	0.99	0.85	0.84	嚼劲微差，入味均匀，口感一般	8

（3）结论

比较 4 种不同调味技术对杏鲍菇软罐头产品影响，多阶段真空渗透调味比其他 3 种调味技术（一次常压常温渗透调味、常压蒸煮渗透调味、二次常压常温调味）入味更均匀，且能耗低，利于工厂化生产。

4. 杏鲍菇软罐头加工卫生质量控制的研究

由于杏鲍菇软罐头产品的含水量较高，不管是生产还是储藏上，都有较高的要求。因此，整个生产过程，包括从原料到消费者的每一道工序都应得到严格控制，以确保产品的卫生安全及食用品质。ISO 22000 食品安全管理体系是在 ISO 9001:2000 的基础上增加了 HACCP 形式的标准，而 HACCP 是一种生产过程各环节的控制，是企业为预防食品安全危害而建立的一种预防性安全管理体系，在企业质量保证系统中很重要。HACCP 使食品生产企业建立了严格的质量管理体系，为食品生产提供安全的产品控制法，增强了企业在市场中的竞争力。本研究将 ISO 22000 质量安全管理体系中的 HACCP 基本原理，应用于杏鲍菇软罐头食品生产中，通过对原料部分及加工过程的危害分析，找出关键控制点，以期为即食产品工业化生产中的食品安全管理与控制提供依据。

（1）产品描述

杏鲍菇软罐头产品描述见表 5-11。

表 5-11　杏鲍菇软罐头产品描述

序号	项目	产品描述
1	产品名称	杏鲍菇软罐头
2	产品类型	休闲食品
3	主要原、辅材料	以杏鲍菇副产物为主要原料，辅料为调味品（食盐、白糖、泡椒等）、香辛料（十三香、辣椒粉等）及食品添加剂（柠檬酸、维生素 C、Nisin 等）
4	产品特性	含水量 (72 ± 3) g/100g，亚硝酸盐 ≤ 20mg/kg，菌落总数 ≤ 1000cfu/g，大肠杆菌 ≤ 30MPN/100g
5	计划用途	普通消费者
6	产品包装说明	真空包装塑料袋
7	保质期及贮存条件	常温保存，保质期 8 个月
8	食用方法	开袋即食
9	标签说明	符合食品标签通用标准 GB7718
10	销售范围	全国各地

（2）监控或测定指标

①感官指标：具有该产品应有的淡黄色至黄褐色；组织致密，坚实而有弹性、有韧性；具有杏鲍菇固有的滋味和气味，咸淡适度，无异味，无肉眼可见的外来杂质。

②理化指标：水分含量测定参照 GB 5009.3-2010，食盐测定参照 GB/T 12457，亚硝酸盐测定参照 GB 5009.33-2010，重金属无机砷测定参照 GB/T 5009.11、铅（以 Pb 计）测定参照 GB 5009.12、镉（以 Cd 计）测定参照 GB/T 5009.15、总汞（以 Hg 计）测定参照 GB/T 5009.17。

③微生物指标：菌落总数测定参照 GB 4789.2-2010，大肠杆菌测定参照 GB/T 4789.38-2008，致病菌不得检出。

（3）杏鲍菇软罐头加工过程的危害分析

①由物理因素引起的危害。杏鲍菇软罐头的生产会受到原料新鲜度、生产的温度、生产过程、生产时间等物理因素的影响。杏鲍菇副产物的获得过程、贮存保鲜及运输过程中，都可能因环境和其他原因混入栽培料残渣、泥沙、毛发、金属等杂质。由于原料的获得过程是通过对商品杏鲍菇修削、拣选得到的，且因其接近培养基部分，要拣净肉眼可见的杂质。

②由化学因素引起的危害。原料及辅料的化学危害主要是由调味料和护色剂等添加剂或残留的重金属、农药等造成的。首先要对原料进行控制，确定原料产地后，对产地周围的水质、土质及其他有害的污染源进行全面调查分析，对栽培全过程进行监管，并检测所产原料的农药和重金属残留，判断其有毒化学物质成分是否存在或超标。

③由微生物引起的危害。工厂化生产的即食产品大部分均采用真空包装并作终端杀菌，前加工环节的微生物控制对产品质量有很大影响，而产品杀菌前的初始含菌量控制尤为关键。

杏鲍菇副产物清洗后要及时蒸煮漂盐处理，不能在空气中闲置太长时间。封袋与杀菌的间隔时间要短，杀菌不完全也会导致致病菌残留。即食产品的原料盐渍中，高盐有杀菌作用，但长期存放会长霉菌，且还有难以彻底杀菌的耐热菌株，所以要选用无异味，无表面发黑、发黏、发绿，一般杂质 ≤ 0.3%，无有害杂质的副产物，否则会造成微生物的大量繁殖，进而影响到成品质量，造成胀袋，对人体健康和产品质量也存在较大的潜在危害。

而环境、工作人员、器具等任何一项消毒不严也会造成微生物的大量繁殖。在生产即食产品时，一方面要严格执行各环节的卫生消毒，另一方面要特别注意加工环节的滞留时间。滞留时间越长，虽感官质量变化不大，但其中的微生物种类数量将会迅速膨胀，给杀菌带来相当大的难度。因此，合理配置各工序人员、设备、器具，使整个生产秩序保持畅通，以及做好产品动态跟踪都非常重要。

（4）杏鲍菇软罐头产品的危害分析

对杏鲍菇软罐头产品的危害分析及控制如表5-12所示。

表 5-12　杏鲍菇软罐头产品危害分析工作单

加工步骤	潜在危害	危害程度	危害依据	预防措施	判断
原辅料验收 (CCP$_1$)	B：原料可食用性	+++	市场不规范	生产前对原料普查	是
	C：农残，重金属，毒素	+++	生产、贮存引入	不得与有毒、有害、鲜活动物混装且在低温下运输	
	P：杂质	+++	生产、贮存引入	金属检测和挑选清洗	
挑选去杂清洗	B：微生物污染	++	杏鲍菇的生理腐败及自身带菌过高	挑选发黑的、软腐的、变质的原料	否
	P：毛发、金属等	++	操作不规范	人工拣选清洗	
脱盐 (CCP$_2$)	B：微生物污染	+++	温度、时间不当	通过温度和时间控制微生物	是
沥干	B：微生物污染	+	长时间放置	快速沥干	否
保脆 (CCP$_3$)	B：微生物污染	+++	保脆剂营养较为丰富，易被微生物污染	严格控制浓度、温度和时间	是
	P：异物混入	+++	操作中带入	包装前检查	
调味	B：微生物污染	+	温度、环境	控制温度和车间环境	否
真空包装 (CCP$_4$)	B：微生物污染	+++	材料、人、工具污染，密封不良封口时长	供应商严格执行 SSOP；确保封口完好，不漏气；并且逐袋挑拣，封口快	是
	P：异物混入	+++	操作中带入	包装前检查	
杀菌 (CCP$_5$)	B：微生物污染	+++	杀菌不彻底造成微生物残留	严格按杀菌工艺执行，调味后的批次产品从包装第一包至其包装结束进入杀菌工艺，总时间不超过 1h	是
入库保存	B：交叉污染	++	存放不当	严格按照存放规定控制	否

注：+++ 表示显著，++、+ 表示不显著。

（5）杏鲍菇软罐头产品加工过程的关键控制点

在实际工作中，企业的食品安全小组应根据生产现场实际情况进行验证，制定符合企业实际情况的危害分析，通过风险分析等管理工具确定关键控制点 (CCP)。杏鲍菇软罐头生产确定每个加工关键控制点 (CCP) 后，要规定一定的关键限值(CL)，其关键控制点的操作限值、监控、纠偏、记录档案和验证程序见表5-13。

表 5-13　危害分析工作单

关键点	显著危害	关键限值	监控程序				纠偏措施	记录	验证
			监控对象	监控方法	监控频率	监控人			
原辅料验收	寄生虫、致病微生物，药物，重金属超标等	按国标或企标验收	标准	检测证件、抽样检测	每批	操作员	对不合格的原料进行无害化处理，拒收无证原料	原料接收记录证明，检测报告	每月审1次报告和供应商合格证明
调味	产品品质不合格，致病菌的存活	真空调味时间为30min	真空调味时间	用表测量带速	每天一次，每次调整后	操作员	延长加工或提高温度以弥补关键限值偏差和隔离保留以作评估	记录	建工艺档案；每周重审记录；每年校正水银温度计
		真空温度60℃	真空温度	数字时间、温度记录	每天一次连续目测	操作员		数据记录打印	
真空包装	异物、微生物（密封不良导致细菌性病原体污染）	包装袋符合国标	包装材料品质	检包装材料品质	不定期查	操作员	弃去不合格材料	检测报告，封口监测记录	每周检查检测和纠偏的记录
		真空度≥－0.09Mpa	真空度	真空表检测	每隔30min抽检	操作员	校正封口机真空度		
		封口质量	封口外观缺陷	检查封口处杂质		操作员	发现及时剔出然后校准		
		挑选、包装积累时间不超过1h	暴露在空气中的时间	人眼观察有标记包装	每1h评估	操作员	在总暴漏效应上保留和评估		
		20g静压1min不破漏	静压试验	静压试验	每30min抽检	操作员	定期评估		
杀菌	杀菌不完全导致致病菌残留	脉冲辐射和沸水杀菌时间、抑菌剂浓度	确认杀菌时间和抑菌剂浓度	按公式杀菌	不定期抽检	操作员	如出现偏差，追回前15min的不合格品和滞留时间超过1h，进行扣留评估	杀菌记录、CCP纠偏记录	每日审核记录

（四）杏鲍菇海鲜佛跳墙加工技术

1. 杏鲍菇海鲜佛跳墙工艺流程图

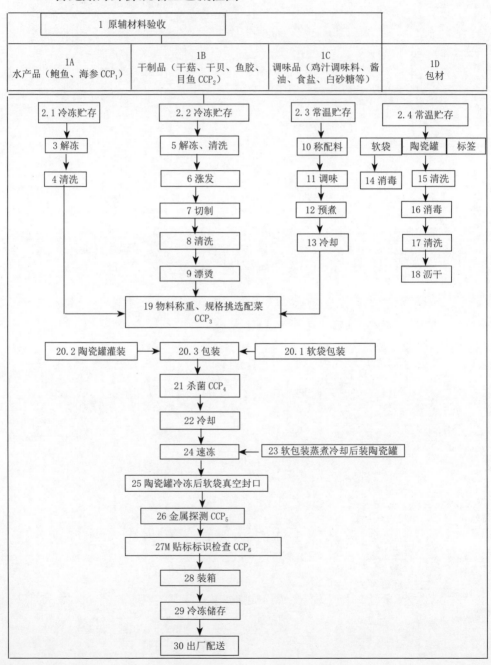

2. 杏鲍菇海鲜佛跳墙加工工艺

①原辅材料验收。原材料进厂时,由仓管员根据送货单逐一验收,核对其品名、规格、数量,核对无误后通知质控员对该批原辅材料进行检查。质控员按检验验收标准对入厂原料进行随机抽样,新鲜农产品原料(水产)作为关键控制点进行控制检查外观、新鲜度、养殖基地备案情况等项目;预包装食品原料、调味品等辅料验收不作为关键控制点,质控员验收品名、生产厂家、生产日期等信息无误后方可入库。不合格的原辅材料一律不予接收。新鲜的农产品原料必须是由经评估合格的供应商提供,质控部须保留供应商的产品合格证明文件(出厂检验报告/产品合格证、农残检测报告证明等)。包材材料须由经评估合格的供应商提供,质控部须保留供应商提供的产品合格证明文件。

②分类贮存。按照食品原料的不同种类,分别设置辅料库、包材库、原料库等,库内存放产品摆放整齐,离墙离地至少10cm,各种不同规格及不同等级产品应分别存放,批次清楚,不能混放,食品不应与有异味的物品同库贮藏。注明进货日期、数量、品质状态等信息,按"先进先出"的原则出库使用。

③解冻。将冷冻的水产品原料放入解冻槽内,利用饮用水流水式解冻,解冻时间控制在2h内。流动水温应低于21℃,食品表面温度不得超8℃,需超时解冻的,可移至冷藏库中完成后续解冻。应注意维护解冻池及解冻水的卫生状况。

④清洗。解冻好后的水产品原料进行最后一次的清洗、沥干,准备进入下道的配菜工序。

⑤解冻清洗。干制品的解冻需要将其放入解冻槽内流水(饮用水)式解冻,待原料软化,流动水温应低于21℃,食品表面温度不得超8℃。用于热加工的食品原材料,流动水解冻时间不得超4h,需超时解冻的,可移至冷藏库中完成后续解冻。应注意维护解冻池及解冻水的卫生状况。将解冻后的原料清洗干净,准备进入胀发工序。

⑥胀发。将饮用水烧开后,倒入解冻、清洗好的干制品原料,不同原料不同锅次进行浸泡,当开水降温到63℃时,换开水,再浸泡,以此类推,待原料胀发至所需要规格时即可。

⑦切制。将沥干好的胀发干制品,按一定重量的规格进行切制,操作人员将原料分别用刀切成不同的规格。对切配所用的容器、刀、板,每切配完一种或每

两个小时后都应该洗刷消毒。

⑧清洗。切制完后，最后一次饮用水清洗干净、沥干。

⑨漂烫。根据添加料的不同，漂烫时间也不同，以实际所需进行，通常开水漂烫 5~10min 即可。

⑩称配料。将所需要的调味辅料按一定的比例进行称配料，配料过程中所添加的添加剂必须符合相应国家法律法规要求。并且由专人负责称重，辅佐一人进行核实重量。

⑪调味。将称好的配料混合均匀进行调味。

⑫预煮。将调味好的配料倒入饮用水中进行熬煮，使其沸腾 15min 左右。

⑬冷却。将预煮好的汤汁调味料在锅中进行冷却，冷却至 60~80℃。

⑭消毒（软袋）。直接接触食品的软袋包材使用前应进行必要的消毒处理，将内包材放置于指定架子或不锈钢柜中，通过臭氧进行消毒或开启紫外灯消毒 1h 以上。

⑮清洗（陶瓷罐）。直接接触食品的非一次性包装物料使用前应进行清洗消毒处理。

⑯消毒（陶瓷罐）。将清洗好的陶瓷罐放入消毒池中，以消毒水浓度 50×10^{-6}~100×10^{-6} 进行清洗消毒。

⑰清洗（陶瓷罐）。将消毒好的陶瓷罐放入流动清水槽中进行清洗，将残余的消毒水清洗干净。

⑱沥干（陶瓷罐）。将清洗好的陶瓷罐放入框中进行沥干，以备物料装罐。

⑲物料称重、规格挑选配菜。将解冻清洗好的水产品和切制好的涨发干制品按一定的重量混合在一起，同时放入称量好的汤汁中，并且总重量不得超过一定限额：陶瓷罐(100mm×100mm) ≤ 110g；水煮袋（220mm×150mm×40mm）≤ 210g。并且单个物料品种的规格厚度需要符合以下要求：鱼胶 ≤ 20mm、鲍鱼 ≤ 21mm、海参 ≤ 9mm、干贝 ≤ 15mm、香菇 ≤ 17mm。

⑳包装。

软袋包装：将称重好的配菜采用水煮袋包装封口，本工序应注意检查产品的品质外观是否正常、应十分注意防止加工人员、工器具和环境的不卫生对产品的交叉污染，定期对环境做清洗消毒。包装主要采取热称重分装：产品包装中心温度应保持 60℃以上。同时封口要平整、密封、无皱褶等，确保其无漏气发生。

陶瓷罐灌装：将称重好的配菜采用陶瓷罐灌装。本工序应注意检查产品的品质外观是否正常，应十分注意防止加工人员、工器具和环境的不卫生对产品的交叉污染，定期对环境做清洗消毒，并且检查陶瓷罐的破损情况，确保完整性。包装主要采取热称重分装：产品包装中心温度应保持 60℃以上，灌装好后，需要在罐口密封一层膜，防止在蒸煮时味道走味，并将罐盖盖上。

包装：将称重好的配菜进行内包装。

㉑杀菌。把密封好的产品置留在不锈钢盘内，把产品分层放置，整齐地堆叠好。测算蒸煮首袋 / 罐的封口时间，产品封口后（指每锅第一袋 / 罐封口后）到蒸煮时间应控制在 1h 以内，产品初温在 40℃以上。

软袋杀菌温度 96~100℃，杀菌时间 26~30min；陶瓷罐杀菌温度 99~100℃，杀菌时间 45~60min。

㉒冷却。陶瓷罐杀菌好后进行蒸煮锅内降温冷却或直接放入冷藏库中进行快速降温冷却；软袋杀菌好后进行冰水降温冷却，冷却至产品中心温度 25~45℃以下。

㉓软包装蒸煮冷却后装陶瓷罐。如果不需要直接罐装产品，可将蒸煮好的软袋包装产品存放入陶瓷罐中，再进行速冻。

㉔速冻。称重分装好后的产品快速通过速冻机，速冻内环境温度 ≤ –45℃，产品称重分装后放入速冻机内速冻时间 ≥ 30min。速冻不够时，采用 –28℃以下急冻库急冻。

食品速冻开始和结束时，应对食品中心温度进行测量，并做记录，速冻后产品中心温度应 ≤ –18℃。

㉕陶瓷罐冷冻后软袋真空封口。由于陶瓷罐易碎，陶瓷罐灌装产品速冻后，采用真空封口，可有效防止在运输中破损所导致的碎片和汤汁流散。封口外观平整、无皱褶，放置 10min，确保其无漏气发生。

㉖金属检测。内包装好的产品通过灵敏度为 ϕFe=1.5mm、ϕSus=2.0mm、ϕCu=4.5mm 的金属探测器检测以剔除混杂有金属碎屑的产品。开机前先预热1min，金属探测器使用开始前、后及使用过程中每 60min 用标准试块校准一次。

㉗贴标标识检查。对包装标签标示"过敏原信息""使用前保持冷冻（Keep Frozen）或 –18℃以下冷藏"等字样进行检查，发现不符合的及时更换，检查无误后方可将标签贴示在消毒好的包装物中。

㉘装箱。产品装入相应规格的外包装箱进行包装，外包装箱整齐堆放，并对

外包装检查卫生注册号、报检批代码、生产批代码、品名、规格、贮存等信息标识是否符合规定，是否与内标签标识相应。

㉙冷冻储存。产品装箱完成后应及时放入成品冷库内冷冻贮存。成品冷库内的温度应控制在 –18℃或更低，冷冻库温度波动要小于 ±2℃。应至少每隔 4h 对成品冷库温度进行监控。

㉚出厂配送。运输车辆应保持清洁，装运速冻食品前应将箱体温度降至 < 10℃。运输期间，车厢温度应保持 ≤ –18℃，车厢外部应设有可直接观察车厢内温度的记录仪。产品不应与有毒、有污染的物品混运。搬运产品不应摔扔、撞击和挤压。

图 5-11　杏鲍菇海鲜佛跳墙产品

六、食用菌脆片加工技术

（一）食用菌脆片加工技术现状

食用菌脆片制品指以食用菌为生产原料，通过干燥技术将食用菌中的水分除去而得到的干制品，具有色泽自然、口感松脆、口味宜人、纯天然、高营养、低热量、低脂肪等优点。1972 年，美国首先提出封闭式油炸技术并申请了专利，1989 年美国专利 US4828859 提出了使用预处理的真空油炸果蔬产品的方法和设备。随着社会的发展和人们生活水平的提高，人们对营养休闲食品的要求越来越高，食用菌产品也慢慢向环保化、天然化、营养化、功能化发展，由于其丰富、健康的营养价值逐渐受到人们的青睐。

目前，食用菌脆片的主要生产技术有真空油炸膨化、真空冷冻干燥、真空微波干燥、气流膨化干燥等。

1. 真空冷冻干燥技术

（1）技术原理

真空冷冻干燥技术，也称"冻干"，其工作原理是先将经过预处理的新鲜物料或湿物料的温度降到共晶点以下，使物料内部的水分冻结成固态的冰，然后适当抽取干燥仓内的空气使其达到一定的真空度，对加热板进行加热以达到适当的温度，使冰升华为水蒸气，利用真空系统的补水器或者制冷系统的水气凝结器将水蒸气冷凝，从而获得干制品的技术。

（2）优势及问题

①复水性好。经过真空冷冻干燥的食用菌脆片，具有良好的复水性能，冻干产品保持了原有食用菌所特有的体积形态，同时对于多孔结构有很好的推动作用。食用时食用菌脆片能迅速吸水，具有良好的复水性，对食用菌脆片的口感具有很大的促进作用。

②营养色泽保持好。真空冷冻干燥是在低温低压下进行，制备的食用菌脆片能最大程度地保持其营养和色泽，同时由于其在真空状态下进行，有效地避免了加工过程中的热敏反应和氧化作用。

③结构状态良好。真空冷冻干燥食用菌脆片是食用菌中的水分在真空低温条件下由固态直接升华为气态，中间无对形态结构有影响的其他操作，能尽可能地保持食用菌原有的结构。

④真空冷冻干燥投资成本大、连续化程度低等问题严重限制了其推广应用。另外，真空冷冻干燥食用菌脆片中干燥时间长、能耗大、操作安全要求较高等也是推广中不可忽视的制约因素。

2. 真空低温油炸技术

（1）技术原理

真空低温油炸技术是在相对低真空条件下，利用较低的温度，通过热油介质的传导使食用菌中的水分不断蒸发。即通过强烈的汽化产生较大的压强使细胞膨胀，使得在较短的时间内水分蒸发，降低食用菌水分含量至 3%~5%，经过冷却后即呈酥松状。真空低温油炸是在负压密封的容器内，以油浴为传热媒介，将油炸与脱水结合起来的新型脆片加工技术。

（2）优势及问题

①色泽良好。真空油炸中低温可以减少食用菌的褐变反应，最大程度地保持其原来的颜色，同时油炸食用菌会使其表面产生一种诱人的焦黄色表皮，进一步增加消费者对食用菌脆片的接受程度。

②口感酥脆。由于在真空油炸过程中食用菌细胞间隙的水分急剧汽化，使组织产生疏松多孔的结构，从而赋予产品酥脆、可口的口感。

③可有效减少油脂的氧化和丙烯酰胺的产生。

④产品油含量还是较高（15% 左右），同时由于含油量引发的酸败，严重影响其保质期。

3. 真空微波干燥技术

（1）技术原理

真空微波干燥是一种利用微波的加热和穿透特性，将微波能量传播到物料内部进行加热的技术。即利用微波发生器，将产生的频率为 300kHz~300MHz、波长范围为 1mm~1m 的微波辐射到干燥物料上，应用微波的强力穿透性，使物料内的极性分子随微波频率同步进行高速旋转运动，这样物料会在短时间内产生大量摩擦热，致使其表面、内部同时提升温度，又因物料所在环境的真空度比较高，使得水分大量汽化，物料溢出大量的水分子，明显提高干燥的效果。

（2）优势及问题

①干燥速率快。由于真空微波干燥中微波能量能够直接深入到食用菌内部而不是依靠其本身的热传导，所以食用菌脆片的干燥时间被大大缩短。

②节能高效。食用菌中的水分极易吸收微波能量，因此在加热过程中能量损失较少，与远红外相比，最高节约能量可达 50%。另外，真空微波设备体积较小，设备占地面积比较经济，真空微波干燥还可连续化生产，最大程度地增加了食用菌脆片加工过程中的经济效益。

③营养损失少。由于真空微波干燥特有的加热特性和干燥机理，还可以在低温条件下对食用菌脆片进行生产，故其对香菇营养损失较少，仅次于真空冷冻干燥。

④由于缺乏自动化快速水分检测技术，很难准确判定干燥终点，产品质量无法保障，使真空微波干燥技术无法应用到食用菌脆片工业化生产当中。同时，干燥不均匀、微波泄漏、真空系统的抽真空能力不足、整个系统的安全操作等问题也亟待解决。

4. 气流膨化技术

（1）技术原理

气流膨化技术的工作原理是将原料水分含量控制在 15%~25%，然后对其进行加压、升温操作，一般罐内的压力控制在 40~480kPa，食品原料的温度控制在 100℃以上；当膨化罐内的温度和压力达到物料所需的膨化条件后，开启真空阀门，使膨化罐与真空罐瞬间联通，从而导致膨化罐中的压力从 0.1~0.5MPa 骤减至 −0.096MPa，物料中的水分由于压力的骤变而产生"闪蒸"现象。由于物料内部水分的瞬间相变化（水分由液相变为气相），物料组织膨化，其内部形成均匀的网状结构，从而导致结构疏松且呈多孔海绵状。

（2）优势及问题

①结构状态好。食用菌脆片在膨化中由于膨化罐压力的骤然降低，食用菌内

部的水分瞬间汽化，导致其内部形成疏松均匀的海绵状结构，使食用菌脆片更加酥脆可口。

②在气流膨化食用菌脆片中无需护色工艺，减少了食用菌营养物质的流失，最大程度地保证了食用菌的营养价值和色泽。

③气流膨化过程中若温度较高，停滞时间过长，会使食用菌表面发生严重美拉德反应，影响产品的色泽、口感。

（二）非油炸杏鲍菇脆片加工关键技术

1. 技术获得成果

①获授权国家发明专利"一种两段杀青与三温段干燥制备非油炸食用菌脆片的方法"，专利号：ZL 201210107978.9。

图6-1 "一种两段杀青与三温段干燥制备非油炸食用菌脆片的方法"发明专利证书

图6-2 非油炸杏鲍菇脆片产品照片

②《杏鲍菇高值化加工及综合利用技术创新与应用》成果于 2020 年获福建省科学技术奖三等奖。

2. 技术简介

（1）技术创新点

采用低温低盐－水蒸气杀青的两段式杀青工艺，以及真空冷冻干燥、热风干燥与真空烘焙催香的三温段循序干制工艺，制备非油炸杏鲍菇脆片。制备的非油炸食用菌脆片为新型、天然、绿色的膨化休闲食品，该产品具有携带及食用方便的特点，既保留了食用菌丰富的菌多糖与菌蛋白的营养特征，又完善了食用菌佐餐以外的休闲营养食品元素特征。该产品酥松的特性，

图 6-3 《杏鲍菇高值化加工及综合利用技术创新与应用》获奖证书

使其成为老少皆宜之食品，还可进一步粉碎后直接作为果蔬营养粉或固体营养饮料，也可作为生产适合各类人群食用的新型功能营养食品原料。

（2）杏鲍菇脆片低温低盐—水蒸气杀青的两段式杀青工艺

①不同杀青方式对杏鲍菇脆片表面颜色的影响。表面颜色变化是由杏鲍菇表层脱水干燥引起的。由图 6-4 可知，所有处理条件下的杏鲍菇脆片表面颜色变化值 ΔE 均小于 6，其中 T3 处理组中低温低盐杀青、低温低盐—蒸汽杀青的脆片表面颜色变化值 ΔE 均较小，而此时蒸汽杀青的表面颜色变化值 ΔE 已达 4.3。这可能是因为长时间的热效应会导致杏鲍菇表面颜色变化较大，不利于产品色泽的保护，因此杏鲍菇脆片加工过程中应避免长时间的高温蒸汽杀青。

②不同杀青方式对杏鲍菇脆片 POD 残留活性的影响。果蔬漂烫通常是以 POD 活性钝化作为标准，钝化 90% 的 POD 活性为最佳终点。由图 6-5 可知，杏鲍菇脆片 POD 活性残留量在杀青前期呈现大幅下降的趋势，而后下降趋势较为平缓。联合杀青在 T3 处理组（低温低盐杀青 60min、蒸汽杀青 1min）中 POD 残留活性为 9.8%（10% 以下），此水平下单一低温低盐杀青、蒸汽杀青均未使酶活降至 10% 以下。单一低温低盐杀青使酶活降至 10% 以下需 360min 以上，所需时间

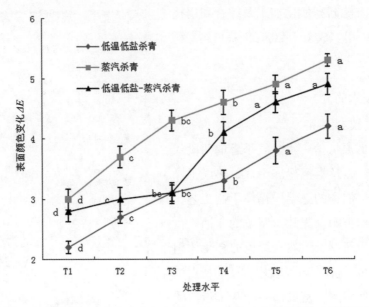

注：图中小写字母表示差异性（$P < 0.05$），同一曲线不同的字母表示差异性显著。下同。

图6-4 不同杀青方式对杏鲍菇脆片表面颜色变化的影响

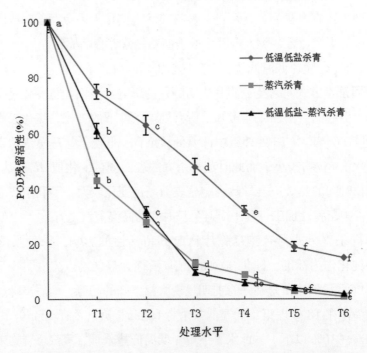

图6-5 不同杀青方式对杏鲍菇脆片POD残留活性的影响

太长;单一蒸汽杀青使酶活降至10%以下只需6min,时间虽短但此时其色泽变黄,外观品质差;而低温低盐—蒸汽联合杀青在钝化POD酶活性的同时,产品外观品质保持较好且时间相对较短。

③不同杀青方式对杏鲍菇脆片硬度的影响。由图6-6可知,蒸汽杀青较低温低盐杀青、低温低盐—蒸汽杀青对杏鲍菇脆片硬度的影响更显著。在同一处理水平下,低温低盐杀青处理的杏鲍菇脆片硬度最大,蒸汽杀青处理的最小。在T3处理组中,蒸汽杀青处理的杏鲍菇脆片硬度为0.49N,显著低于低温低盐杀青(0.71N)、低温低盐—蒸汽杀青(0.70N)处理组。低温低盐杀青、低温低盐—蒸汽杀青处理更有利于杏鲍菇脆片硬度的保持,产品口感较好。

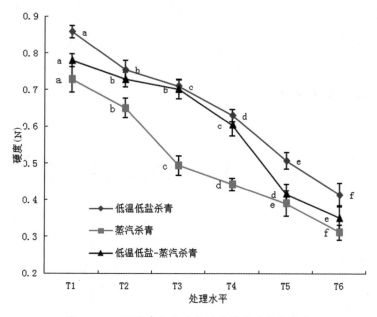

图6-6 不同杀青方式对杏鲍菇脆片硬度的影响

④结论。杏鲍菇是具有一定经济价值的农产品,在制备脆片产品过程中,其低温低盐—蒸汽杀青的较佳工艺条件为4℃下低温低盐(0.5%)杀青60min,之后蒸汽杀青1min。

应用响应面分析法建立了杏鲍菇脆片真空冷冻—热风联合干燥过程中转化含水率、加热板温度、热风干燥温度及干燥总时间4个影响因素的回归模型,且模型合理可靠。最佳工艺参数为冷冻干燥(加热板温度35℃)至含水率45%后

60℃下热风干燥（干燥总时间 840min），在此条件下杏鲍菇脆片的综合评定值为 8.63；同时较单一真空冷冻干燥的耗时缩短了 23.1%、耗能减小了 29.5%。采用真空冷冻—热风联合干燥杏鲍菇脆片能有效保持产品品质、缩短干燥时间、提高生产效率，在实际生产中可进一步推广应用。

（三）海鲜菇真空油炸脆片关键技术

1. 技术获得成果

①获授权国家发明专利"一种真空低温油炸食用菌的制备方法"，专利号：ZL 201810182041.5。

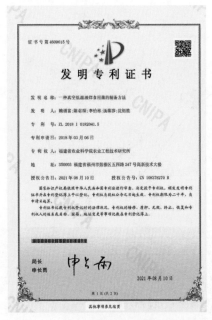

图 6-7　"一种真空低温油炸食用菌的制备方法"发明专利证书

图 6-8　海鲜菇脆片产品

②"海鲜菇黄酮类化合物研究及高值化加工技术创新应用"成果于 2021 年 3 月 24 日通过专家评审，专家评价达国际先进水平。

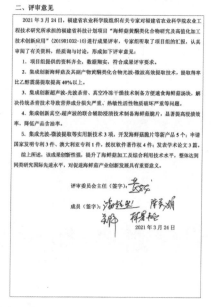

科技项目成果评审意见书

闽农科评字〔2021〕3 号

项目名称：海鲜菇黄酮类化合物研究及高值化加工技术
创新应用

完成单位：福建省农业科学院农业工程技术研究所

组织评审单位：福建省农业科学院
评审日期：2021 年 3 月 24 日

福建省农业科学院制

二、评审意见

2021 年 3 月 24 日，福建省农业科学院组织有关专家对福建省农业科学院农业工程技术研究所承担的福建省科技计划项目"海鲜菇黄酮类化合物研究及高值化加工技术创新应用"(2019R1032-10)进行成果评审，专家组听取了项目组的汇报，认真审阅了有关资料，经质询与讨论，形成如下评审意见：

1. 项目组提供的资料齐全，数据翔实，符合成果评审要求。

2. 集成创新海鲜菇及其副产物黄酮类化合物光波-微波高效提取技术，提取得率比乙醇震荡提取高 40% 以上。

3. 集成创新超声波-光波杀青、真空冷冻干燥技术制备方便速食海鲜菇汤块，解决传统杀青技术导致营养成分损失严重、热敏性活性物质破坏严重等问题。

4. 集成创新真空光波的联合辅助浸渍技术制备海鲜菇脆片，显著提高浸渍效率，降低产品含油率。

5. 集成光波-微波提取等实用新技术 3 项，开发海鲜菇脆片等新产品 5 个；申请国家发明专利 3 件，澳大利亚专利 1 件，授权软件著作权 4 件；发表学术论文 3 篇。

综上所述，该成果创新性强，提升了海鲜菇加工及综合利用技术水平，整体达到同类研究国际先进水平，对促进海鲜菇产业创新发展具有重要意义。

评审委员会主任（签字）：

成员（签字）：

2021 年 3 月 24 日

图 6-9　"海鲜菇黄酮类化合物研究及高值化加工技术创新应用"评审证书

2. 技术简介

（1）技术创新点

集成创新真空—超声波的联合辅助浸渍制备海鲜菇脆片，在提高浸渍效率的同时，可显著降低产品含油率。

采用常压浸渍、沸水煮浸渍、超声浸渍、真空浸渍、真空—超声浸渍 5 种不同浸渍方法处理海鲜菇，再用真空低温油炸工艺将其制成即食脆片，对海鲜菇脆片含油率、色泽、质构、感官品质等进行比较。结果表明：与其他 4 种预处理方法相比，经过真空—超声浸渍处理后的海鲜菇制备成脆片品质好，产品水分含量为 1.8%、硬度为 278.7g、咀嚼度为 180.6g·sec、感官评分为 8.8 分。

（2）海鲜菇脆片预处理工艺

①不同浸渍方法对海鲜菇浸渍效率的影响。海鲜菇进行麦芽糖浸渍不仅可以提高海鲜菇的固形物含量，降低水分含量，通过减少水来达到降低含油率的目的，同时也可增加海鲜菇脆片的酥脆感，获得更好的感官品质。

由图 6-10 可知，不同浸渍方法对海鲜菇水分及固形物含量有显著影响，超声浸渍、真空浸渍、真空—超声浸渍对海鲜菇水分的影响无显著差别，与常压浸渍、沸水煮浸渍相比有显著差异。不同浸渍方法对海鲜菇可溶性固形物含量有类似的趋势，超声浸渍、真空浸渍、真空—超声浸渍的海鲜菇较常压浸渍、沸水煮浸渍的可溶性固形物含量增长幅度大。

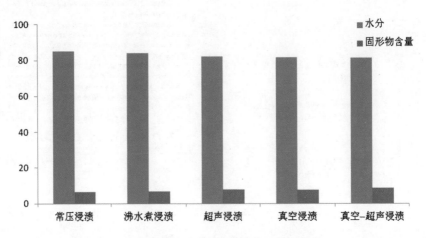

图 6-10　不同浸渍方法对海鲜菇浸渍效率的影响

②不同浸渍方法对海鲜菇脆片含油率的影响。由图 6-11 可知，不同浸渍方法对海鲜菇脆片含油率有显著影响，常压浸渍海鲜菇脆片含油率最高，真空—超声浸渍海鲜菇含油率最低。

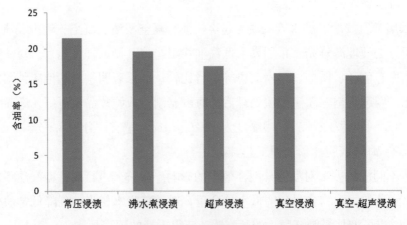

图 6-11　不同浸渍方法对海鲜菇脆片含油率的影响

③不同浸渍方法对海鲜菇脆片色泽的影响。色泽是评判食品品质优劣的重要指标之一。由表6-1可知，沸水煮浸渍处理的海鲜菇脆片较其他4组明度值 L^* 最小，红绿值 a^*、蓝黄值 b^* 最高，表示白度最低，偏红偏黄趋势最高；超声浸渍、真空浸渍、真空—超声浸渍处理的海鲜菇脆片 ΔE 较小，表明该产品整体色泽最白。5组实验组处理的海鲜菇脆片的色泽可以根据 ΔE 值的大小进行排序，产品色泽由深到浅依次为：沸水煮浸渍、常压浸渍、真空浸渍、超声浸渍、真空—超声浸渍。

表6-1　不同浸渍方法对海鲜菇脆片色泽的影响

指标	明度值 L^*	红绿值 a^*	蓝黄值 b^*	色差 ΔE
常压浸渍	57.9	1.3	8.9	42.3
沸水煮浸渍	38.2	2.8	13.7	69.2
超声浸渍	78.9	0.8	6.7	31.7
真空浸渍	79.8	0.8	5.7	32.6
真空—超声浸渍	78.7	0.6	6.2	30.9

④不同浸渍方法对海鲜菇脆片质构的影响。硬度和咀嚼度是影响海鲜菇脆片质构的两个重要指标。由表6-2可知，5种不同的浸渍方法硬度在162.2~293.4，其中沸水煮浸渍处理的海鲜菇脆片硬度最小，其在运输过程中容易变碎，硬度由高到低依次是常压浸渍、超声浸渍、真空—超声浸渍、真空浸渍、沸水煮浸渍。咀嚼度的高低与产品内部的多孔性结构有关，

表6-2　不同浸渍方法对海鲜菇脆片质构的影响

指标	硬度（g）	咀嚼度（g·sec）
常压浸渍	293.4	276.2
沸水煮浸渍	162.2	249.8
超声浸渍	283.9	228.3
真空浸渍	239.8	211.1
真空－超声浸渍	278.7	180.6

疏松多孔的空间结构能够使产品具有较好的咀嚼性，真空—超声浸渍处理组的咀嚼度显著低于其他 4 组，说明真空—超声浸渍处理组的海鲜菇脆片咀嚼性最好，咀嚼性由高到低依次是真空—超声浸渍、真空浸渍、超声浸渍、沸水煮浸渍、常压浸渍。

⑤不同浸渍方法对海鲜菇脆片感官的影响。由表 6-6 可知，发现 5 种浸渍方法处理的海鲜菇脆片的感官评分有显著差异，沸水煮浸渍处理的脆片颜色较深从而影响其感官评价，常压浸渍、超声浸渍、真空浸渍 3 种方法处理的海鲜菇脆片的感官评分无显著差异，真空—超声浸渍处理的海鲜菇脆片色泽、形态、滋味和口感均最好。

表 6-3　不同浸渍方法对海鲜菇脆片感官的影响

浸渍方法	色泽	形态	滋味	口感	综合评分
常压浸渍	8.1	8.2	8.4	8.5	8.3
沸水煮浸渍	7.8	7.9	7.5	7.9	7.8
超声浸渍	8.2	8.2	8.1	7.9	8.1
真空浸渍	8.1	8.3	8.3	8.6	8.3
真空—超声浸渍	8.9	8.6	8.7	8.9	8.8

（3）海鲜菇脆片贮藏过程中品质变化研究

①海鲜菇脆片贮藏过程中色泽变化影响。色泽是评判食品品质优劣的重要指标之一。由表 6-4 可知，随着贮藏时间的延长，海鲜菇脆片的明度值 L^*、红绿值 a^*、蓝黄值 b^* 及 ΔE 值均变化不大，说明海鲜菇脆片在 225 天的贮藏期内其色泽变化不大，色泽性质较为稳定。

表 6-4　不同浸渍方法对海鲜菇脆片色泽的影响

指标	明度值 L^*	红绿值 a^*	蓝黄值 b^*	色差 ΔE
0	57.84	1.29	8.96	42.39
15	63.46	0.85	12.62	36.98
30	63.08	0.69	12.89	37.53

指标	明度值 L^*	红绿值 a^*	蓝黄值 b^*	色差 ΔE
45	61.55	1.37	11.4	38.93
60	64.91	0.85	12.77	35.52
75	61.56	0.83	10.93	38.38
90	61.42	2.21	12.15	39.12
105	61.71	0.82	11.85	38.48
120	60.97	0.31	11.29	38.98
135	72.52	0.32	13.4	30.12
150	62.37	1.11	11.26	38.38
165	63.42	0.94	12.62	37.48
180	61.62	1.35	11.42	38.88
195	61.81	0.73	11.88	38.38
210	63.01	1.55	11.89	37.27
225	59.62	1.03	11.45	40.27

②海鲜菇脆片贮藏过程中质构变化影响。硬度和咀嚼度是影响海鲜菇脆片质构的两个重要指标。由表6-5可知，随着贮藏时间的延长，海鲜菇脆片硬度呈下降趋势，咀嚼度呈上升趋势，但整体变化幅度不大，说明在225天的贮藏期内其硬度和咀嚼度变化不大，质构性质较为稳定。

表6-5　不同浸渍方法对海鲜菇脆片质构的影响

贮藏时间	硬度（g）	咀嚼度（g·sec）
0	293.437	276.213
15	218.799	343.907
30	240.021	293.876
45	291.751	454.276

特色食用菌保鲜与加工技术

续表

贮藏时间	硬度（g）	咀嚼度（g·sec）
60	206.746	325.209
75	311.464	489.335
90	260.768	410.343
105	293.194	457.278
120	237.676	373.789
135	271.284	394.587
150	248.47	390.451
165	253.657	399.184
180	289.62	451.594
195	243.327	382.348
210	238.981	376.285
225	222.179	349.379

综上所述，采用常压浸渍、沸水煮浸渍、超声浸渍、真空浸渍、真空—超声浸渍5种不同浸渍方法处理海鲜菇，再用真空低温油炸工艺将其制成即食脆片，对海鲜菇脆片含油率、色泽、质构、感官品质等进行比较。结果表明：与其他4种预处理方法相比，经过真空—超声浸渍处理后的海鲜菇制备成脆片品质更好，产品水分含量为1.8%、含油率为16.4%、硬度为278.7g、咀嚼度为180.6 g·sec、感官评分为8.8分。同时结果表明，海鲜菇脆片在225天的贮藏期内其硬度、咀嚼度和色泽变化不大，质构及色泽性质较为稳定。

（四）食用菌真空油炸脆片加工技术规程

在一定的真空状态下，食品原料中的水分汽化温度降低，从而在短时间内脱水干燥，实现低温油炸。该方法在20世纪90年代兴起，产品称为果蔬或食用菌脆片。食用菌经过加工而成的脆片，香脆但不油腻，它不仅保持了原食用菌的色、香、味，而且还具有低热量、低脂肪、高纤维、富含维生素和矿物质等特点，再加上保质期较长这一优势，所以脆片逐渐成为人们休闲食品的首选。

①原料选择。选用无霉斑、无霉变、无杂质、无不良气味、形块完整、大小均匀的鲜菇为原料。

②清洗。用清水反复冲洗，洗去菇体上的泥沙、木屑等污物，并把水沥尽。杏鲍菇、双孢蘑菇等需先切片，香菇、秀珍菇、海鲜菇等无需切片。

③杀青。沸水煮制 2~3min，杀青水中添加 0.5% 的盐和 0.3% 柠檬酸。杀青后迅速捞出至冷却池中冷却到 20℃左右，沥水。

图 6-12　食用菌杀青

④一次速冻。将菇平摊，在 -18℃条件下速冻 24h 以上。

⑤浸渍。解冻后用 30% 的麦芽糖溶液浸渍 6~8h，以菇被均匀浸透为准。

图 6-13　食用菌脆片浸渍

⑥二次速冻。将菇平摊，在 -18℃ 条件下速冻 24h 以上。

⑦真空油炸。将油加热至 90℃，封闭系统，抽真空使得真空度稳定在 0.09MPa 以上；然后启动油循环系统，将油炸室充入热油开始油炸，油温控制在 86~90℃，时间约 30min。

图 6-14　食用菌脆片真空低温油炸

⑧脱油。油炸结束后应立即脱油，以免物料温度下降影响脱油效果。排除油炸室内的热油后，在真空状态下离心脱油，转速 1000r/min，时间 3~5min。

⑨冷却、挑选。将调味后的食用菌脆片散开，用风扇吹凉或自然冷却，将碎的脆片挑选出来，并适当进行分级。

图 6-15　食用菌脆片脱油

图 6-16　食用菌脆片冷却挑选

⑩包装。冷透的物料应尽快用复合塑料薄膜或铝箔袋包装，以防吸潮返软，最后再用塑料瓶包装。

图 6-17　食用菌脆片包装

（五）应用成效

2021 年 12 月 3 日，科技日报以《联合创新团队打造网红食品　助福建漳州特色产业提档升级》为题报道福建省现代农业食用菌产业体系联合创新团队打造网红食品，助力福建漳州食用菌脆片特色产业提档升级的情况。

图 6-18　《科技日报》报道食用菌脆片加工技术实施成效

  2021 年 11 月 24 日，福建电视台乡村振兴公共频道、新闻频道以《龙海：举办"食用菌脆片加工技术现场观摩会"》为题报道福建省现代农业食用菌产业体系召开现场观摩会的情况。

图 6-19 福建电视台报道食用菌脆片加工技术实施成效

参考文献

[1] 钱敏."蘑菇院士"李玉：做大做强食用菌产业[J].人民周刊,2021.

[2] 李海燕.食用菌产业对农村三产融合发展的促进作用分析[J].山西农经,2021,(21):16-17.

[3] 李梦杰,冯发均,李荣春,等.发展秸秆食用菌产业,助力我国碳达峰、碳中和的生态文明建设战略[J].食用菌,2022,44(1):1-3.

[4] 刘一奇.深刻领悟"小木耳，大产业"的丰厚内涵[J].中国发展观察,2021,(C2): 94-96.

[5] 韩晗.微生物资源开发学[M].成都：西南交通大学出版社,2018.

[6] 李亚欢,田平平,王杰,等.干燥方式对银耳加工与贮藏过程中品质的影响[J].中国农业科学,2016,49(6): 1163-1172.

[7] 李湘利,刘静,魏海香,等.食用菌干燥技术的研究进展[J].食品研究与开发,2019, 40 (6): 207-213.

[8] LI, YB, CHEN, JC, LAI, PF, et al. Influence of drying methods on the physicochemical properties and nutritional composition of instant Tremella fuciformis[J]. Food Science and Technology, 2020.

[9] 赖谱富,汤葆莎,李怡彬,等.不同干燥方式制备海鲜菇物性及营养品质的灰色关联分析[J].核农学报,2021.

[10] 赖谱富,李怡彬,陈君琛,等.杏鲍菇秋葵咀嚼片直接压片工艺优化[J].核农学报,2018, 32(11):2208-2215.

[11] 赖谱富,陈君琛 汤葆莎,等.杏鲍菇秋葵咀嚼片配方优化与质量标准研究[J].核农学报,2017, 31(7):1374-1380.

[12] 赖谱富,陈君琛,杨艺龙,等.超声波内部沸腾法提取杏鲍菇多糖的工艺优化[J].核农学报,2016, 30(12):2382-2390.

[13] 赖谱富,陈君琛,沈恒胜,等.杏鲍菇脆片的杀青及干燥工艺优化[J].

核农学报 , 2015, 29(11): 2141-2149.

［14］赖谱富 , 陈君琛 , 沈恒胜 , 等 . 杏鲍菇酥饼的加工工艺研究［J］. 福建农业学报 , 2016, 31(9):971-974.

［15］李怡彬 , 杨艺龙 , 陈君琛 , 等 . 工厂化栽培杏鲍菇副产物营养成分分析与评价［J］. 福建农业学报 , 2014, 29(9): 904-908.

［16］CHEN J C, YANG Y L, LAI P F, et al. Effect of pre-dry methods on the quality of mushroom (*Pleurotus eryngii*) soft-can products and related vacuum dry dodel［J］. Journal of Food Engineering and Technology, 2014, 3(2): 56-65.

［17］孟宪军 , 乔旭光 . 果蔬加工工艺学［M］. 北京: 中国轻工业出版社 ,2012.

［18］李志雅 , 李清明 , 苏小军 , 等 . 果蔬脆片真空加工技术研究进展［J］. 食品工业科技 , 2015, 36(17):384-387.

［19］裴斐 , 王敏 , 刘凌岱 , 等 . 即食杏鲍菇片真空低温脱水工艺［J］. 食品科学 , 2008, 24(9):167-171.

［20］黄倩 , 岳田利 , 袁亚宏 , 等 . 响应面实验优化超声—真空提取杏鲍菇多糖工艺［J］. 食品科学 ,2015,36(16) : 77-82.

［21］赖谱富 , 李怡彬 , 翁敏劼 , 等 . 响应面优化海鲜菇副产物黄酮类化合物提取工艺［J］. 福建农业科技 , 2021, 51(2):1-6.

［22］孔旭强 , 柳婷 , 刘云超 , 等 . 古田银耳 Tr01 和 Tr21 的生理生化特性及生产农艺发送比较［J］. 食用菌学报 ,2019,26(4):39-49.

［23］马博 , 李传峰 , 吴明清 , 等 . 热风干燥技术在农产品干燥中的应用和发展［J］. 新疆农机化 ,2020, (8):30-34.